高等院校计算机应用系列教材

计算机应用基础教程

(Win 10+Office 2016)

陈丽娟　主　编

饶国勇　左　力　李宗刚　副主编

清华大学出版社

北　京

内 容 简 介

本书根据当前计算机应用基础课程教学创新改革的新形势，按照培养高素质、高技能的信息技术应用型人才的教学要求，选取典型案例，进行对知识点的讲解。全书共 7 章，主要内容包括计算机基础知识、Windows10 操作系统、Word 2016 应用、Excel 2016 应用、PowerPoint 2016 应用、网络技术及信息安全、新一代信息技术。

本书可作为高等学校各专业"计算机应用基础""信息技术基础"等课程的教材，也可作为全国计算机等级考试的辅助教材。

图书在版编目(CIP)数据

计算机应用基础教程：Win10+Office2016 / 陈丽娟主编. —北京：清华大学出版社，2021.9
（2024.9重印）
高等院校计算机应用系列教材
ISBN 978-7-302-59103-0

Ⅰ. ①计… Ⅱ. ①陈… Ⅲ. ①Windows 操作系统—高等学校—教材 ②办公自动化—应用软件—高等学校—教材 Ⅳ. ①TP316.7 ②TP317.1

中国版本图书馆 CIP 数据核字(2021)第 178381 号

责任编辑：王　军
装帧设计：孔祥峰
责任校对：马遥遥
责任印制：丛怀宇

出版发行：清华大学出版社
　　　　　网　　　址：https://www.tup.com.cn，https://www.wqxuetang.com
　　　　　地　　　址：北京清华大学学研大厦 A 座　　　邮　　编：100084
　　　　　社 总 机：010-83470000　　　　　　　　邮　　购：010-62786544
　　　　　投稿与读者服务：010-62776969，c-service@tup.tsinghua.edu.cn
　　　　　质 量 反 馈：010-62772015，zhiliang@tup.tsinghua.edu.cn
印 装 者：天津鑫丰华印务有限公司
经　　销：全国新华书店
开　　本：185mm×260mm　　　印　　张：16　　　字　　数：389 千字
版　　次：2021 年 9 月第 1 版　　　印　　次：2024 年 9 月第 9 次印刷
定　　价：59.80 元

产品编号：093939-01

前　言

信息化、数字化是当今世界经济和社会发展的趋势，以计算机技术为代表的信息技术已经成为拓展人类能力必不可少的工具，具有越来越重要的地位。高等院校在培养高素质人才时，培养学生掌握计算机应用基础知识和技能，不仅可以提高学生应用计算机解决工作与生活中实际问题的能力，还可以为学生职业生涯发展和终身学习奠定基础。

为了适应经济快速发展和知识迅速更新对人才培养的要求，我们以计算机应用基础相关基础知识为基石，把计算机应用技能培养作为重点，并融入信息技术发展的前沿热点，兼顾到读者参加全国计算机等级考试一级 MS Office 应用考试的需求，基于多年来的实践教学经验，编写了本书。

本书全面系统地介绍了计算机应用基础的相关知识、信息技术应用及信息技术前沿等内容。全书共分为 7 章，内容包括计算机基础知识、Windows10 操作系统、Word 2016 应用、Excel 2016 应用、PowerPoint 2016 应用、网络技术及信息安全、新一代信息技术的发展。本书在编写过程中将实际案例和知识点紧密结合，案例来源于学校、学生实习单位，贴近生活和工作，具有较强的实用性和可操作性。书中案例内容丰富、难度适中，易于学中做、做中学，从而达到育训结合、知行合一的培养目的。

全书采取统一格式，力求语言精练，内容和案例实用；操作步骤结合操作图示进行讲解，直观、详尽。本书既可作为高等院校计算机应用基础课程教材，也可作为各类从业人员的计算机基础培训教材。

本书由陈丽娟担任主编，饶国勇、左力、李宗刚担任副主编。本书在编写过程中参考借鉴了国内外许多专家、学者的文献材料，在此向相关作者表示衷心的感谢！

由于编者水平有限，书中难免存在疏漏和不足，敬请广大读者不吝指正。

编　者
2021 年 5 月

目　录

第 1 章
计算机基础知识

计算机是二十世纪人类社会最伟大的科技成果之一，计算机技术也是二十世纪发展最快的新兴技术。计算机技术的飞速发展，极大地改变了人们的生活和工作。从二十世纪 90 年代起，随着 Internet 的出现，人类开始进入信息化时代。计算机及其应用已经渗透到社会的各个领域，计算机已经成为人类信息化社会中必不可少的基本工具，计算机技术更是人类信息社会重要的技术基础，有力地推动了整个信息化社会的发展。在信息化社会中，掌握计算机的基础知识及操作技能是工作、学习、生活必须具有的基本素质。只有全面认知计算机，充分了解计算机的各项功能，才能使其成为人们的助手，更好地协助人们。

一个完整的计算机系统是由硬件系统和软件系统两部分组成的。硬件系统就像是计算机的身体，软件系统就像是计算机的灵魂(不是大脑)。如果没有身体，灵魂则无法生存；如果没有了灵魂，硬件再强大也无法运转。

本章将介绍计算机的起源、发展历程以及发展趋势，计算机的特点、应用及分类，计算机中信息的表示，计算机系统的组成和工作原理，微型计算机的软硬件系统及主要性能指标。

【学习目标】
- 计算机的发展历程、发展趋势
- 计算机的特点、应用及分类
- 计算机中的数制、编码
- 计算机系统基本结构、工作原理
- 微型计算机的硬件系统、软件系统
- 计算机系统的主要技术指标

1.1 计算机概述

1.1.1 计算机的概念和诞生

电子计算机，俗称"电脑"，是一种具有快速计算和逻辑运算能力，依据一定程序自动处理信息、储存并输出处理结果的电子设备，是二十世纪人类最伟大的发明创造之一。

在计算机产生之前，计算问题主要通过算盘、计算尺、手摇或电动机械计算器、微分仪等计算工具人工计算解决。计算工具的演化经历了由简单到复杂、从低级到高级的不同阶段，它们在不同的历史时期发挥了各自的历史作用，同时也启发了电子计算机的研制和设计思路。

说到"世界公认的第一台电子数字计算机"，大多数人通常都认为是 1946 年诞生的"埃尼阿克"(Electronic Numerical Integrator and Calculator，ENIAC，电子数字积分器和计算器)，该计算机主要用于研发远程导弹的弹道计算，是在美国宾夕法尼亚州立大学莫尔电工学院制造的。它的体积庞大，由 17468 个电子管、6 万个电阻器、1 万个电容器和 6 千个开关组成，占地面积 170 多平方米，重量约 30 吨，运行时消耗近 150 千瓦的电力。显然，这样的计算机成本很高，使用不便。

1.1.2 计算机的发展历程

"埃尼阿克"是人类最伟大的科学技术成就之一，是电子技术和计算技术空前发展的产物，是科学技术与生产力发展的结晶。它的诞生极大地推动着科学技术的发展。

自第一台计算机诞生至今，虽然只有几十年的时间，但计算机已发生了日新月异的变化。人们根据计算机元器件的不同，将计算机的发展划分为 4 个阶段：电子管计算机(1946—1959年)、晶体管计算机(1959—1965 年)、集成电路计算机(1965—1971 年)、大规模与超大规模计算机(1971 年至今)。

我国从 1956 年开始研制第 1 代计算机。1958 年，我国成功研发第一台小型电子管通用计算机 103 机，标志着我国步入计算机发展时代。1983 年，国防科技大学成功研制运算速度每秒上亿次的银河-I 巨型机，是我国高速计算机研制的一个重要里程碑。2002 年，我国成功制造出首枚高性能通用 CPU——龙芯一号。2009 年我国首台千万亿次超级计算机"天河一号"诞生，使我国成为继美国之后世界上第二个能够研制千万亿次超级计算机的国家。从 2013 到 2017 年，我国的"天河二号(峰值每秒运算 6.15 亿亿次)"及"神威太湖之光(峰值每秒运算 9.3 亿亿次)"超级计算机连续 5 年蝉联世界超算冠军，并曾包揽冠亚军。但在 2018 年，美国 Summit(顶点)超级计算机，以峰值每秒运算 14.86 亿亿次夺得超算冠军。2020 年，日本 Fugaku(富岳)超级计算机，以峰值每秒运算 44.2 亿亿次再次打破超算世界纪录。

图 1-1 位于国家超级计算无锡中心的"神威·太湖之光"

1.1.3 未来计算机的发展

随着大规模、超大规模集成电路的广泛应用，计算机在存储的容量、运算速度和可靠性等各方面都得到了很大的提高。计算机正朝着巨型化、微型化、网络化、人工智能化等方向更深入发展。

在未来社会中，计算机、网络、通信技术将会三位一体化，未来计算机将把人从重复、枯燥的信息处理中解脱出来，从而改变人类的工作、生活和学习方式，给人类和社会拓展更大的生存和发展空间。传统的基于集成电路的计算机短期内还不会退出历史舞台，但未来计算机的发展已经崭露头角，我们将会面对各种各样的未来计算机，例如量子计算机、神经网络计算机、生物计算机、光计算机等。

1.2 计算机的特点、应用及分类

1.2.1 计算机的特点

计算机凭借传统信息处理工具所不具备的特征，深入到了社会生活的各个方面，而且它的应用领域正在变得越来越广泛，主要具备以下几个方面的特点：具有自动控制能力、处理速度快、"记忆"能力强、能进行逻辑判断、计算精度高、通用性强。

1.2.2 计算机的应用

计算机诞生之初主要被用于数值计算，所以才得名"计算机"。但随着计算机技术的飞速发展，计算机的应用范围不断扩大，已经从科学计算、数据处理、实时控制等扩展到办公自动化、生产自动化、人工智能等领域。

1.2.3　计算机的分类

电子计算机的分类方法有很多种，可以按计算机处理信息的表示方式、计算机的用途、计算机的主要构成元件、计算机的运算速度和应用环境等多个方面予以划分。

按照结构原理的不同，计算机可以分为数字电子计算机、模拟电子计算机和数模混合电子计算机；按照设计目的划分，计算机可以分为通用电子计算机、专用电子计算机；按大小和用途划分，计算机可以分为巨型计算机、大中型主机、小型计算机、个人计算机和工作站。

1.3　计算机中的信息编码

计算机中的数据可分为数值数据和非数值数据两大类，其中非数值数据包括西文字母、标点符号、汉字、图形、声音和视频等。无论什么类型的数据，在计算机内都使用二进制表示和处理，其中数值型数据可以直接转换为二进制，而非数值型数据则采用二进制编码的形式存储。

计算机之所以采用二进制，是因为以下几个原因：

① 技术实现简单。计算机是由逻辑电路组成，逻辑电路通常只有两个状态，开关的接通与断开，这两种状态正好可以用"1"和"0"表示。

② 简化运算规则。两个二进制数和、积运算组合各有三种，运算规则简单，有利于简化计算机内部结构，提高运算速度。

③ 适合逻辑运算。逻辑代数是逻辑运算的理论依据，二进制只有两个数码，正好与逻辑代数中的"真"和"假"相吻合。

④ 易于进行转换。二进制与十进制数易于互相转换。

⑤ 抗干扰能力强，可靠性高。因为每位数据只有高低两个状态，当受到一定程度的干扰时，仍能可靠地分辨出它是高还是低。

所以了解二进制的概念、运算、数制转换及二进制编码对于用好计算机是十分重要的。我们需要掌握常用数制及其转换规则和二进制数的算术、逻辑运算，了解数值、西文字符和汉字的编码规则。

1.3.1　计算机的数制

数制(Number System)也称计数制，是指用一组固定的符号和一套统一的规则来表示数值的方法。其中，按照进位方式计数的数制称为进位计数制。

生活当中，人们普遍使用十进制表示一个数：即以 10 为模，逢十进一的进制方法。实际上，人们还使用其他的各种进制，如十二进制(一年等于 12 个月，一英尺等于 12 英寸，一打等于12 个)、六十进制(一小时等于 60 分钟，一分钟等于 60 秒)等等。

1. 十进制

十进位计数制简称十进制；有十个不同的数码符号：0、1、2、3、4、5、6、7、8、9。每个数码符号根据在数中所处的位置(数位)，按"逢十进一"的原则来决定其实际数值，即各数位的位权是以 10 为底的方幂。

例如：

$$(215.48)_{10}=2\times10^2+1\times10^1+5\times10^0+4\times10^{-1}+8\times10^{-2}$$

人们平时使用的十进制数是用 0、1、2、3、4、5、6、7、8、9 这 10 个数码组成的数码串来表示数字，其加法规则是"逢十进一"。数码处于不同的位置代表不同的数值，数值的大小与其所处的位置有关。

例如，对于十进制数 123.45，整数部分的第一个数码 1 处在百位，表示 100，第二个数码 2 处在十位，表示 20，第三个数码 3 处在个位，表示 3，小数点后第一个数码 4 处在十分位，表示 0.4，小数点后第二个数码 5 处在百分位，表示 0.05。也就是说，十进制数 123.45 可以写成：

$$(123.45)_{10}=1\times10^2+2\times10^1+3\times10^0+4\times10^{-1}+5\times10^{-2}$$

2. 二进制数

二进位计数制简称二进制，它只有两个不同的数码 0 和 1，其加法规则是"逢二进一"。即各数位的位权是以 2 为底的方幂。

例如：

$$(10110.10)_2=1\times2^4+0\times2^3+1\times2^2+1\times2^1+0\times2^0+1\times2^{-1}+0\times2^{-2}=(22.50)_{10}$$

1.3.2　各类数制间的转换

1. 非十进制数转换成十进制数

转换方法：用该数制的各位数乘以相应位权数，然后将乘积相加。

例：将二进制数 11010.11 转换成十进制数。

$$(11010.11)_2=1\times2^4+1\times2^3+0\times2^2+1\times2^1+0\times2^0+1\times2^{-1}+1\times2^{-2}=(26.75)_{10}$$

例：将十六进制数 E8B.20 转换成十进制数。

$$(E8B.20)_{16}=E\times16^2+8\times16^1+B\times16^0+2\times16^{-1}+0\times16^{-2}=(3723.125)_{10}$$

2. 十进制数转换成二进制数

将十进制数转换为二进制数时，可将数字先分成整数和小数，分别进行转换，然后再拼接起来。

整数部分的转换方法：采用"除 2 取余倒读"法，即将十进制数不断除以 2 取余数，直到商位是 0 为止，余数从右到左排列。

小数部分的转换方法：采用"乘 2 取整整读"法，即将十进制小数不断乘以 2 取整数，直到小数部分为 0。从前面的整数向后读取即可得到结果。如果已超过要求的精度而小数部分仍不能为零，则如同十进制数的四舍五入，判断要求保留的位数后面一位是 0 还是 1，来决定是否进位取舍。如为 0 则舍掉，如为 1 则进位，即"0 舍 1 入"。

例：将十进制数 158.24 转换为二进制数(取三位小数)。

整数部分转换方法：

$$
\begin{array}{r}
\text{余数} \\
2\,\overline{)158} \quad\cdots\cdots 0 \\
2\,\overline{)79} \quad\cdots\cdots 1 \\
2\,\overline{)39} \quad\cdots\cdots 1 \\
2\,\overline{)19} \quad\cdots\cdots 1 \\
2\,\overline{)9} \quad\cdots\cdots 1 \\
2\,\overline{)4} \quad\cdots\cdots 0 \\
2\,\overline{)2} \quad\cdots\cdots 0 \\
2\,\overline{)1} \quad\cdots\cdots 1 \\
0
\end{array}
\quad
\begin{array}{c}
除 \\ 2 \\ 取 \\ 余 \\ 倒 \\ 读
\end{array}
$$

因为最后一位是经过多次除以 2 才得到的，因此它是最高位，读数字从最后的余数向前读，读出结果 $(10011110)_2$。

小数部分转换方法：

第 1 步，将 0.24 乘以 2，得 0.48，则整数部分为 0，小数部分为 0.48；

第 2 步，将小数部分 0.48 乘以 2，得 0.96，则整数部分为 0，小数部分为 0.96；

第 3 步，将小数部分 0.96 乘以 2，得 1.92，则整数部分为 1，小数部分为 0.92；

第 4 步，将小数部分 0.92 乘以 2，得 1.84，则整数部分为 1，小数部分为 0.84；

第 5 步，读出结果。根据题目"取三位小数"的要求，第 4 位"1"要进位，然后从第一位整数部分向后读取，读出结果 $(0.010)_2$。

将十进制转换为其他进制的转换方法跟上述方法类似。

1.3.3 字符的编码

在计算机中对字符进行编码，通常采用 ASCII 码和 Unicode 编码。

1. ASCII 码

ASCII 码(American Standard Code for Information Interchange，美国信息互换标准代码)是基于拉丁字母的一套电脑编码系统，主要用于显示现代英语和其他西欧语言。它是最通用的信息交换标准，等同于国际标准 ISO/IEC 646。标准 ASCII 码采用 7 位二进制数来表示所有的大写和小写字母、数字 0 到 9、标点符号，以及在美式英语中使用的特殊控制字符等 128 个字符。这 128 个字符可以分为 95 个可显示/打印字符和 33 个控制字符两类。在 8 个二进制位中，ASCII 采用了 7 位(b0~b6)编码，最高位 b7 用作奇偶校验位。

标准 ASCII 码字符集如表 1-1 所示，表中的每个字符对应一个二进制编码，每个编码的数值称为 ASCII 码的值，例如，字母 A 的编码为 1000001B，即 65D 或 41H。由于 ASCII 码只有 7 位，在用一个字节保存一个字符的 ASCII 码时，占该字节的低 7 位，最高位补 0。

可以看出，数字 0~9 的 ASCII 码的值范围是 48~57，大写字母的 ASCII 码的值范围是 65~90，小写字母的 ASCII 码的值范围是 97~122，其顺序与字母表中的顺序是一样的，并且同一个字母的大小写 ASCII 码的值相差 32。

表 1-1　标准 ASCII 码字符集

ASCII 值	控制字符	ASCII 值	控制字符	ASCII 值	控制字符	ASCII 值	控制字符
0	NUT	32	(space)	64	@	96	、
1	SOH	33	!	65	A	97	a
2	STX	34	”	66	B	98	b
3	ETX	35	#	67	C	99	c
4	EOT	36	$	68	D	100	d
5	ENQ	37	%	69	E	101	e
6	ACK	38	&	70	F	102	f
7	BEL	39	,	71	G	103	g
8	BS	40	(	72	H	104	h
9	HT	41	)	73	I	105	i
10	LF	42	*	74	J	106	j
11	VT	43	+	75	K	107	k
12	FF	44	,	76	L	108	l
13	CR	45	-	77	M	109	m
14	SO	46	.	78	N	110	n
15	SI	47	/	79	O	111	o
16	DLE	48	0	80	P	112	p
17	DCI	49	1	81	Q	113	q
18	DC2	50	2	82	R	114	r
19	DC3	51	3	83	X	115	s
20	DC4	52	4	84	T	116	t
21	NAK	53	5	85	U	117	u
22	SYN	54	6	86	V	118	v
23	TB	55	7	87	W	119	w
24	CAN	56	8	88	X	120	x
25	EM	57	9	89	Y	121	y
26	SUB	58	:	90	Z	122	z
27	ESC	59	;	91	[	123	{
28	FS	60	<	92	\	124		
29	GS	61	=	93	]	125	}
30	RS	62	>	94	^	126	~
31	US	63	?	95	—	127	DEL

2. Unicode 编码

扩展的 ASCII 码一共提供了 256 个字符，但用来表示世界各国的文字编码显然是远远不够的，还需要表示更多的字符和意义，因此又出现了 Unicode 编码。

Unicode 是国际组织制定的可以容纳世界上所有文字和符号的字符编码方案。它为每种语言中的每个字符设定了统一并且唯一的二进制编码，以满足跨语言、跨平台进行文本转换、处理的要求。Unicode 编码自 1994 年公布以来已得到普及，广泛应用于 Windows 操作系统、Office 等软件中。

1.4 计算机系统的组成与工作原理

一个完整的计算机系统由硬件系统和软件系统两大部分组成，如图 1-2 所示。硬件是组成计算机的物质实体，是计算机系统中实际物理设备的总称，如 CPU、存储器、输入/输出设备等；软件则是介于用户和硬件系统之间的界面。没有软件支持的计算机叫作"裸机"，在裸机上只能运行机器语言程序，这样的计算机效率很低，使用十分不便。没有软件支持，再好的硬件配置也是毫无意义的；当然没有硬件，软件再好也没有用武之地，其中硬件的性能决定计算机的运行速度；软件决定计算机可以进行的工作。两者相互渗透、相互促进，也只有两者得到充分结合才能发挥计算机的最大功能。也可以说硬件是基础、软件是灵魂，只有将硬件和软件结合成统一的整体，才能称其为一个完整的计算机系统。

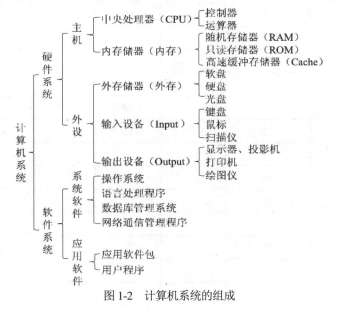

图 1-2　计算机系统的组成

1.4.1　计算机系统基本结构

计算机由运算器、控制器、存储器、输入设备和输出设备五个基本部分组成，也称作计算机的五大部件，其结构如图 1-3 所示。

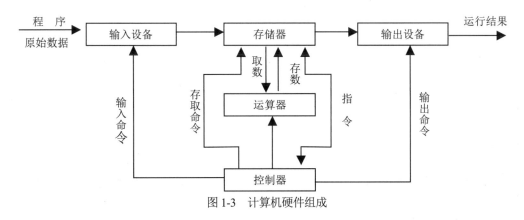

图 1-3　计算机硬件组成

1. 运算器

运算器又称算术逻辑单元(Arithmetic Logic Unit，ALU)，是计算机对数据进行加工处理的部件，它的主要功能是对二进制数码进行加、减、乘、除等算术运算，以及与、或、非等基本逻辑运算来实现逻辑判断。运算器在控制器的控制下实现其功能，运算结果由控制器指挥送到内存储器中。

2. 控制器

控制器主要由指令寄存器、译码器、程序计数器和操作控制器等组成，控制器用来控制计算机各部件协调工作，并使整个处理过程有条不紊地进行。它的基本功能就是从内存中取指令和执行指令，即控制器按程序计数器指出的指令地址从内存中取出该指令进行译码，然后根据该指令功能向有关部件发出控制命令，执行该指令。另外，控制器在工作过程中，还要接受各部件反馈回来的信息。

3. 存储器

存储器具有记忆功能，用来保存信息，如数据、指令和运算结果等。存储器的存储容量以字节(Byte，B)为基本单位，8 个二进制位(bit，b)组成 1 个字节，位是计算机中数据的最小单位。表示存储容量的单位还有千字节(KB)、兆字节(MB)、吉字节(GB)以及太字节(TB)等，不同存储容量单位之间的换算关系如表 1-2 所示。现在微型计算机内存储器容量一般在 8GB 以上，外存储器一般在 1TB 以上。一部 100 万字的小说大约占用 2.2MB 的存储空间，智能手机拍摄的一张照片大约占用 5MB 的存储空间，一部 720P 格式的电影大约占用 1.5GB 的存储空间。

表 1-2　存储容量单位之间的换算关系

中文单位	中文简称	英文单位	英文简称	换算关系
位	比特	Bit	b	1b=0.125B
字节	字节	Byte	B	1B=8b
千字节	千字节	KiloByte	KB	1KB = 1024B
兆字节	兆	Megabyte	MB	1MB = 1024KB
吉字节	吉	Gigabyte	GB	1GB =1024MB

(续表)

中文单位	中文简称	英文单位	英文简称	换算关系
太字节	太	Trillionbyte	TB	1TB=1024GB
拍字节	拍	Petabyte	PB	1PB =1024TB
艾字节	艾	Exabyte	EB	1EB=1024PB
泽字节	泽	Zettabyte	ZB	1ZB=1024EB
尧字节	尧	Jottabyte	YB	1YB = 1024ZB

4. 输入/输出设备

输入/输出设备简称 I/O(Input/Output)设备。用户通过输入设备将程序和数据输入计算机，输出设备将计算机处理的结果(如数字、字母、符号和图形)显示或打印出来。常用的输入设备有键盘、鼠标、扫描仪、数字化仪等。常用的输出设备有显示器、打印机、绘图仪等。

1.4.2 计算机系统工作原理

到目前为止，尽管计算机发展了四代，但其基本工作原理仍然没有改变，即冯·诺依曼原理。概括来说，计算机的基本工作原理就是两点：存储程序与程序控制，如图 1-4 所示。

这一原理可以简单地叙述为：将完成某一计算任务的步骤，用机器语言程序预先送到计算机存储器中保存，然后按照程序编排的顺序，一步一步地从存储器中取出指令，控制计算机各部分运行，并获得所需结果。按照这个原理，计算机在执行程序时须先将要执行的相关程序和数据放入内存储器中，在执行程序时，CPU 根据当前程序指针从寄存器的内容中取出指令，并执行指令，然后再取出下一条指令并执行，如此循环下去直到程序结束指令时才停止执行。

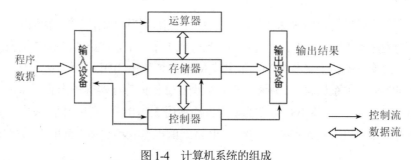

图 1-4　计算机系统的组成

1.5 微型计算机的硬件组成

人们日常所见和使用的大都是微型计算机。现在市场上各种微型计算机型号越来越多，但无论是什么机型什么档次，都是由一些基本的配件所组成。一台典型的多媒体微型计算机由主机、键盘、显示器、音箱等部分构成，如图 1-5 所示。

图 1-5　微型计算机的硬件组成

1.5.1　主板

主板(Main Board)又称为母板(Mother Board)、系统板，它安装在机箱内，是微机最基本也是最重要的部件之一。主板一般为矩形电路板，上面安装了组成计算机的主要电路系统，一般有 BIOS 芯片、I/O 控制芯片、键盘和面板控制开关接口、指示灯插接件、扩充插槽、主板及插卡的直流电源供电接插件等元件，主板实物如图 1-6 所示。

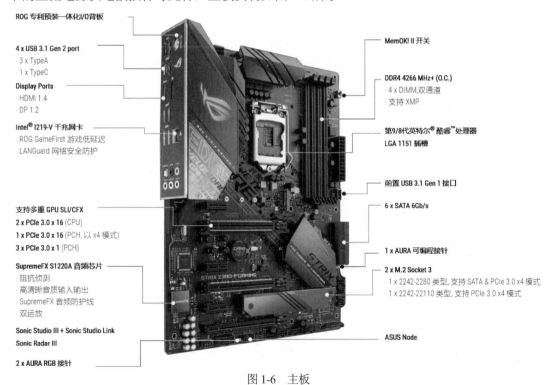

ROG 专利预装一体化I/O背板

4 x USB 3.1 Gen 2 port
· 3 x TypeA
· 1 x TypeC

Display Ports
· HDMI 1.4
· DP 1.2

Intel® I219-V 千兆网卡
· ROG GameFirst 游戏低延迟
· LANGuard 网络安全防护

支持多重 GPU SLI/CFX
2 x PCIe 3.0 x 16 (CPU)
1 x PCIe 3.0 x 16 (PCH, 以 x4 模式)
3 x PCIe 3.0 x 1 (PCH)

SupremeFX S1220A 音频芯片
· 阻抗侦测
· 高清晰音质输入输出
· SupremeFX 音频防护线
· 双运放

Sonic Studio III + Sonic Studio Link
Sonic Radar III

2 x AURA RGB 接针

MemOK! II 开关

DDR4 4266 MHz+ (O.C.)
· 4 x DIMM,双通道
· 支持 XMP

第9/8代英特尔® 酷睿™ 处理器
LGA 1151 插槽

前置 USB 3.1 Gen 1 接口

6 x SATA 6Gb/s

1 x AURA 可编程接针

2 x M.2 Socket 3
· 1 x 2242-2280 类型, 支持 SATA & PCIe 3.0 x4 模式
· 1 x 2242-22110 类型, 支持 PCIe 3.0 x4 模式

ASUS Node

图 1-6　主板

1.5.2　CPU

CPU 是 Central Processing Unit(中央处理器)的缩写，微型计算机的 CPU 习惯上被称为微处

理器(Microprocessor)，是计算机系统中必备的核心部件。CPU 由运算器和控制器组成。运算器(也称执行单元)是微机的运算部件，包含算术逻辑部件 ALU 和寄存器；控制器是微机的指挥控制中心，包含指令寄存器、指令译码器和指令计数器 PC 等，CPU 外观如图 1-7 所示。

图 1-7　Intel 酷睿 i9-14900KS 和 AMD Ryzen 9 9950X

目前主流 CPU 一般是由 Intel 和 AMD 两个厂家生产的，例如 Intel 公司的 Core 酷睿 i 系列和 AMD 公司的 Ryzen(锐龙)系列产品，在设计技术、工艺标准和参数指标上存在差异，但都能满足微机的运行需求。

通常把具有多个 CPU 能同时执行程序的计算机系统称为多处理机系统。依靠多个 CPU 同时并行地运行程序是实现超高速计算的一个重要方向，称为并行处理。

随着 CPU 频率的不断提高和核心数量的增加，其耗电量和发热量也持续攀升，CPU 的散热问题变得越来越重要，散热器已成为与 CPU 配套的重要配件。当前，PC 机最常用的散热器采用风冷加热管散热方式。

CPU 的性能指标直接决定了由它构成的微型计算机系统性能指标。CPU 的性能指标主要由字长、主频、缓存和制作工艺决定。

1.5.3　内存储器

内存储器简称内存，也叫主存。它是 CPU 可以直接访问的存储器，用来存放当前计算机运行所需的数据和程序，是微型计算机主要的工作存储区。内存的大小是衡量计算机性能的主要指标之一。内存的大小和快慢直接决定一个程序的运行速度。

根据作用的不同，内存储器可分为只读存储器和随机存储器。只读存储器简称 ROM(Read Only Memory)。ROM 的特点是只能进行读操作，不能进行写操作，ROM 中的信息在写入之后就不能更改，系统板上的 ROM 由厂家写入了磁盘引导程序、自检程序、输入/输出驱动程序等常驻程序，即 BIOS。

随机存储器简称 RAM(Random Access Memory)，用户既可以对它进行读操作，也可以对它进行写操作，RAM 中的信息在断电后会自动消失；

RAM 可以读出，也可以改写，又称读写存储器。读取时不损坏原有存储的内容，只有写入时才修改原来所存储的内容。断电后，存储的内容立即消失。内存通常是按字节为单位编址的，一个字节由 8 个二进制位组成。

　　所谓内存(内存条)，一般指的就是 RAM(随机存储器)，它实际上是由存储器芯片和存储器接口组成的储存模块。安装时用户只要把内存条插在系统主板的内存插槽中就以使用了。内存条外观如图 1-8 所示。

图 1-8　内存条

内存的性能指标有：

　　① 传输类型：它实际上是指内存的规格，即通常说的 DDR4 内存或 DDR3 内存，DDR4 内存在传输速率、工作频率工作电压等方面都优于后者。

　　② 主频：内存主频和 CPU 主频一样，习惯上被用来表示内存的速度，它代表着该内存所能达到的最高工作频率。内存主频是以 MHz(兆赫)为单位来计量的。内存主频越高，在一定程度上代表着内存所能达到的速度越快。目前主流的是 2400MHz 的 DDR4 内存。

　　③ 存储容量：即一根内存条可以容纳的二进制信息量，当前常见的内存容量有：8GB、16GB和 32GB 等。

1.5.4　外存储器

　　外存储器简称外存或辅存，属于外部设备，是对内存的扩充。外存具有存储容量大、可以长期保存暂时不用的程序和数据、信息存储性价比高等特点。微机的外存储器主要有软盘存储器、硬盘存储器、移动存储器和光盘存储器。

1. 硬盘存储器

　　硬盘存储器(Hard Disk Drive 或 Hard State Drive，简称 HDD，也称机械硬盘)由硬盘片、硬盘驱动器和适配卡组成。其中，硬盘片和硬盘驱动器简称硬盘，是微机系统的主要外存储器(或称辅存)，由盘片、磁头、盘片主轴、控制电机、磁头控制器、数据转换器、接口、缓存等组成。

　　根据硬盘存储介质的类型和数据存储方式，硬盘可以分为传统的温氏硬盘和新式的固态硬盘。根据硬盘的体积，可以分为 1.8 英寸硬盘、2.5 英寸硬盘和 3.5 英寸硬盘。3.5 英寸硬盘主要用于台式机，2.5 英寸硬盘则用在笔记本电脑上，1.8 英寸硬盘经常被用于平板电脑或视频播放器等小型移动设备。传统机械硬盘结构如图 1-9 所示。

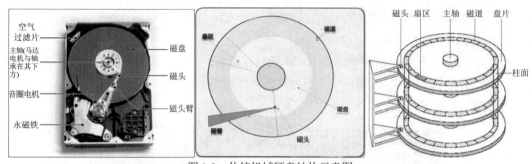

图 1-9　传统机械硬盘结构示意图

2. 固态硬盘

固态硬盘(Solid State Disk 或 Solid State Drive,简称 SSD),也称作电子硬盘或者固态电子盘,如图 1-10 所示。固态硬盘是由控制单元和固态存储单元(DRAM 或 FLASH 芯片)组成的硬盘。固态硬盘的存储介质分为两种,一种是采用闪存((FLASH 芯片)作为存储介质,另一种是采用 DRAM 作为存储介质,目前绝大多数固态硬盘采用的是闪存介质。存储单元负责存储数据,控制单元负责读取、写入数据。由于固态硬盘没有普通硬盘的机械结构,也不存在机械硬盘的寻道问题,因此系统能够在低于 1ms 的时间内对任意位置存储单元完成输入/输出操作。

固态硬盘是近几年新兴起的设备,它主要以 Flash 闪存芯片实现数据的永久存储。其最大优势是存取数据比普通的温氏硬盘快,但每 GB 数据的存储单价远高于后者。由于固态硬盘所采用的闪存材料有重写次数的限制,因此固态硬盘绝不允许针对一个位置的频繁读写。

图 1-10　固态硬盘

3. 光盘存储器

光盘(Optical Disk)存储器是一种利用激光技术存储信息的装置,由光盘驱动器(简称光驱)和光盘组成。光驱的核心部件是由半导体激光器和光路系统组成的光学头,主要负责数据的读取工作。

目前用于计算机系统的光盘有三类:只读型光盘、一次写入型光盘和可抹型(可擦写型)光盘。

4. U 盘

U 盘(优盘)也就是常说的 USB 闪存盘,是采用 Flash Memory(闪存)作为存储器的移动存储设备。闪存具有可擦、可写、可编程和断电后数据不丢失的优点,而且其数据安全性很高,不会像软盘那样很容易损坏,也不会像光盘那样很容易划伤,因此被广泛应用于智能手机、数码相机以及移动存储设备。

U 盘存储量从几个 GB 到 1TB 级以上，通过微机的 USB 接口连接，可以带电热插拔。因其具有操作简单、携带方便、容量大、用途广泛的优点，正在成为最便携的存储器件。

1.5.5 显卡

显卡即显示适配卡(显示卡)，是主机与显示器连接的"桥梁"，是连接显示器和主板的适配卡。显卡主要用于图形数据处理，传输数据给显示器并控制显示器的数据组织方式。显卡的性能决定显示器的成像速度和效果。

显卡分集成显卡、核芯显卡和独立显卡，图 1-11 所示为独立显卡。

目前主流的显卡是具有 2D、3D 图形处理功能的 PCI-E 接口显卡，由图形加速芯片(Graphics Processing Unit，GPU，图形处理单元)、随机存取存储器(显存或显示卡内存)、数据转换器、时钟合成器以及基本输入/输出系统等五大部分组成。

显示内存(简称显存)是待处理的图形数据和处理后的图形信息的暂存空间，目前主流显卡的显存容量从 1GB 到 8GB 不等。

目前市场上知名的品牌有 Colorful(七彩虹)、Sapphire(蓝宝石)、ASUS(华硕)、Yeston(盈通)等。

图 1-11　独立显卡

1.5.6 输入设备

计算机常用的输入设备有键盘、鼠标、摄像头、触摸屏、手写输入板、语音输入装置等。

1. 键盘

键盘(Keyboard)是用户与计算机进行交流的主要工具，是计算机最重要的输入设备，也是微型计算机必不可少的外部设备。微机键盘可以根据击键数、按键工作原理、键盘外形等进行分类。其中，键盘的按键数曾出现过 83 键、93 键、96 键、101 键、102 键、104 键、107 键等。目前，市场上主流的是 104 键键盘。

通常键盘由三部分组成：主键盘区，数字小键盘区，功能键区等 3 个区域，如图 1-12 所示。

图 1-12 键盘结构

主键盘即通常的英文打字机用键(键盘中部)。小键盘即数字键组(键盘右侧,与计算器类似)。功能键组(键盘上部,标记为 F1—F12)。键盘的接口主要有 PS/2 和 USB,无线键盘则采用无线连接。

2. 鼠标

鼠标是日常最频繁操作的外接输入设备之一,是计算机显示系统纵横坐标定位的指示器,因其外形酷似老鼠而得名"鼠标",英文名"Mouse"。鼠标是一种流行的输入设备,它可以方便准确地移动光标进行定位,鼠标的使用是为了使计算机的操作更加简便,来代替键盘烦琐的指令。

鼠标按键数可以分为传统双键鼠、三键鼠和新型的多键鼠标;按内部构造可以分为机械式、光机式和光电式三大类;按连接方式可以分为有线(USB 接口)和无线(红外线、蓝牙)。

1.5.7 输出设备

微型计算机常用的输出设备有显示器、打印机等。

1. 显示器

显示器也称监视器(Monitor),是人机交互必不可少的设备,也是计算机系统最常用的输出设备。通过显示器,人们可以方便地查看输入计算机的程序、数据和图形信息以及经过计算机处理后的结果。

根据工作原理不同,显示器分为阴极射线管显示器(GRT)和液晶显示器(LCD)两类。目前,大部分液晶显示器采用 LED 背光技术,优点是使用范围广、低电压和耐冲击等。按照用途不同,显示器可分为实用型、绘图型、专业型和多媒体型 4 类。显示器屏幕的尺寸以英寸为单位,目前常见的显示器屏幕大小有 24 英寸、27 英寸、34 英寸等。

2. 打印机

打印机也是计算机系统中常用的输出设备,可以分为撞针式(击打式)和非撞针式(非击打式)两种。

目前常用的打印机有针式打印机、喷墨打印机和激光打印机三种。

1.6　微型计算机的软件系统

软件(Software)是计算机系统必不可少的组成部分,相对于硬件而言,软件是计算机的灵魂。软件的功能是充分发挥计算机硬件资源的效益,为用户使用计算机提供方便。

概括来说,软件=程序+文档。软件是为方便使用计算机和提高使用效率而组织开发的程序以及用于开发、使用和维护的有关文档。程序是一系列按照特定顺序组织的计算机数据和有序指令的集合,计算机之所以能够自动而连续地完成预定的操作,就是运行特定程序的结果。而文档指的是对程序进行描述的文本,用于对程序进行解释、说明。

根据软件的不同用途,可将微型计算机的软件系统分为系统软件和应用软件两大类。系统软件一般包括操作系统、语言编译程序、数据库管理系统。应用软件是指计算机用户为某一特定应用而开发的软件。如文字处理软件、表格处理软件、绘图软件、财务软件、过程控制软件等。

1.6.1　系统软件

系统软件指的是无需用户干预,计算机就能正常、高效地工作所配备的各种程序的集合,其主要功能是进行调度、监控和维护计算机系统;负责管理计算机系统中的硬件,使它们协调工作,是计算机系统正常运行必不可少的。系统软件包括操作系统、语言处理程序、数据库管理系统和服务程序等。

1. 操作系统

操作系统(Operating System,OS)是最重要的系统软件,用于管理、控制计算机系统的软、硬件和数据资源的大型程序,是用户和计算机之间的接口,并提供了软件的开发和应用环境。

操作系统有两大功能:一是对计算机系统硬件和软件资源进行管理、控制和调度,以提高计算机的效率和各种硬件的利用率;二是作为人机对话的界面,为用户提供友好的工作环境和服务。

随着计算机技术的迅速发展和计算机的广泛应用,用户对操作系统的功能、应用环境、使用方式不断提出了新的要求,因而逐步形成了不同类型的操作系统。

操作系统种类繁多,可以从以下几个角度划分:

根据应用领域不同,可分为桌面操作系统、服务器操作系统、主机操作系统、嵌入式操作系统等。

根据功能不同,可分为批处理操作系统、分时操作系统、实时操作系统、网络操作系统、分布式操作系统等。

根据工作方式不同,可分为单用户单任务操作系统(例如 MS-DOS 等)、单用户多任务操作系统(例如 Windows 98 等)、多用户多任务分时操作系统(例如 Linux、Unix、Windows 7、Windows 8、Windows 10 等)。

根据源代码的开放程度不同，可分为开源操作系统(Linux、Android、Chrome OS)和闭源操作系统(Windows 系列)等。

2. 语言处理程序

人和计算机交流信息使用的语言称为计算机语言或程序设计语言。语言处理程序是为用户设计的编程服务软件，用于将高级语言源程序翻译成计算机能识别的目标程序，从而让计算机解决实际问题。程序设计语言的基础是一组记号和一组规则。在程序设计语言发展过程中产生了种类繁多的语言。但是，这些语言都包含的成分有：数据成分、运算成分、控制成分和传输成分。数据成分描述程序中所涉及的数据；运算成分描述程序中所涉及的运算；控制成分描述程序中的控制结构；传输成分描述程序中的数据传输。

程序设计语言经历了由低级语言向高级语言发展的辉煌历程，按照语言处理程序对硬件的依赖程度，计算机语言通常分为机器语言、汇编语言和高级语言三类。

3. 数据库管理系统

数据库管理系统(Database Management System，DBMS)是对计算机中所存放的大量数据进行组织、管理、查询，并提供一定处理功能的大型系统软件。简单来说，数据库管理系统的作用就是管理数据库。它是位于用户和操作系统之间的数据管理软件，能够科学地组织和存储数据、高效地获取和维护数据。

目前，常见的数据库管理系统有 Access、SQL Server、My SQL、Oracle 等。

1.6.2   应用软件

应用软件是为了帮助用户实现某一特定任务或特殊目的而开发的软件，涉及计算机应用的所有领域。各种科学和工程计算软件、各种管理软件、各种辅助设计软件和过程控制软件等都属于应用软件。应用软件可以是一个特定的程序，也可以是一组功能紧密协作的软件集合体，或由众多独立软件组成的庞大软件系统。应用软件在计算机系统中的位置如图 1-13 所示。

图 1-13   应用软件与系统软件的关系

现在市面上应用软件的种类非常多，应用软件的开发也是使计算机充分发挥作用的十分重要的工作。表 1-3 列举了各大领域常用的应用软件。

表 1-3　常用应用软件举例

种　类	举　例
通信软件	微信、QQ、钉钉、陌陌
平面设计	Photoshop、CorelDRAW、Illustrator、Fireworks、AutoCAD、方正飞腾排版
程序设计	Visual Studio Code、Microsoft Visual Studio、Eclipse、易语言
网站开发	Dreamweaver、SharePoint Designer、Apache Tomcat
辅助设计	Auto CAD、Rhino、Pro/E
三维制作	3ds Max、Maya、Cinema 4D、Softimage 3d
视频编辑与后期制作	Adobe Premiere、Vegas、After Effects、Ulead
多媒体开发	Animate CC、HTML5、Authorware
办公应用	Microsoft Office、WPS、Open Office、永中 Office
浏览器	IE、Microsoft Edge、360、Chrome、Opera、Firefox、QQ、搜狗、猎豹、遨游、UC、世界之窗、GreenBrowser
安全软件	360、火绒、金山、瑞星、微点、AVAST、诺顿、卡巴斯基、ESET NOD32、Avira AntiVir、趋势科技、McAfee、BitDefender

1.7　微型计算机的性能

一台微型计算机功能的强弱或性能的好坏，不是由某项指标来决定的，而是由它的系统结构、指令系统、硬件组成、软件配置等多方面的因素综合决定的。但对于大多数普通用户来说，可以从以下几个指标来大体评价计算机的性能。

1. 基本字长

字长是指计算机运算一次能同时处理的二进制数据的位数，是计算机在设计时规定的，是存储、传送、处理操作的信息单位。字长越长，存储数据时，计算机的运算精度就越高；存储指令时，计算机的处理能力就越强。通常，字长总是 8 位的整倍数，如 8 位、16 位、32 位、64 位等。现在主流的 Intel 酷睿和 AMD 锐龙都是 64 位机。

2. 存储容量

存储容量包括主存容量和辅存容量，主要指内存储器的容量。内存容量越大，机器所能运行的程序就越大，处理能力就越强。目前，微型计算机的内存容量一般为 8-32GB。

3. 运算速度

计算机的运算速度通常是指每秒钟所能执行加法的指令数目，通常衡量计算机运算速度的指标是每秒钟能执行基本指令的操作次数，一般用"百万条指令/秒"(Million Instruction Per Second，MIPS)来描述。这个指标更能直观地反映机器的速度。现在微型机的主频，即微处理器时钟工作频率，在很大程度上决定了计算机的运行速度。一般主频越高，其运算速度就越快。

4. 外部设备配置

这是指结构上允许配置的外部设备的最大数量和种类，实际数量和品种由用户根据需要选定。这关系到计算机对信息输入输出的支持能力。一台微型计算机可配置外部设备的数量以及配置外部设备的类型，对整个系统的性能有重大影响。如显示器的分辨率、多媒体接口功能和打印机型号等，都是外部设备选择时要考虑的问题。

5. 软件配置

软件配置包括操作系统、计算机语言、数据库管理系统、网络通信软件等。软件配置情况将直接影响微型计算机系统的使用和性能的发挥，丰富的软件系统是保证计算机系统得以实现其功能和提高性能的重要保证。

当然，除了上述指标外，还要考虑诸多因素，如计算机的故障诊断能力、容错能力、维护手段以及机器的可靠性和稳定性等多种因素。

【真题训练】

一、选择题

1. 计算机的硬件主要包括运算器、控制器、存储器、输入设备和(　　)五个基本部分。
   A. 键盘　　　　　　　　　　　　　　B. 鼠标
   C. 输出设备　　　　　　　　　　　　D. 显示器

2. 十进制数100转换成二进制数是(　　)。
   A. 0110101　　　　　　　　　　　　B. 01111110
   C. 01100110　　　　　　　　　　　　D. 01100100

3. 以下关于系统软件的描述中，正确的是(　　)。
   A. 系统软件与具体硬件的逻辑功能无关
   B. 系统软件是在应用软件基础上开发的
   C. 系统软件并不具体提供人机界面
   D. 系统软件与具体应用领域无关

4. 英文字母D的ASCII码是01000100，那么英文字母B的ASCII码是(　　)。
   A. 01000100　　　　　　　　　　　　B. 01000001
   C. 01000111　　　　　　　　　　　　D. 01000010

5. 下列选项中不属于计算机的主要技术指标的是(　　)。

    A. 存储容量　　　　　　　　　　B. 时钟主频

    C. 字长　　　　　　　　　　　　D. 体积大小

6. 计算机的发展趋势是(　　)、微型化、网络化和智能化。

    A. 小型化　　　　　　　　　　　B. 精巧化

    C. 大型化　　　　　　　　　　　D. 巨型化

7. 计算机中信息的最小单位是(　　)。

    A. Byte　　　　　　　　　　　　B. bit

    C. DoubleWord　　　　　　　　　D. Word

8. 在一个大于零的无符号二进制整数最后一位之后添加一个 0，则新数的值为原数值的(　　)。

    A. 8 倍　　　　　　　　　　　　B. 2 倍

    C. 1/2　　　　　　　　　　　　　D. 4 倍

9. 一个完整的计算机系统应该包含(　　)。

    A. 硬件系统和软件系统

    B. 主机、键盘和鼠标

    C. 主机、外设和办公软件

    D. 操作系统和应用软件

10. 在计算机中，(　　)不是度量存储器容量的单位。

    A. KB　　　　　　　　　　　　　B. GHz

    C. MB　　　　　　　　　　　　　D. GB

11. 计算机的存储器中，访问速度最快的是(　　)。

    A. 固态硬盘　　　　　　　　　　B. 机械硬盘

    C. 内存　　　　　　　　　　　　D. U 盘

12. 下列各组软件中，全部属于系统软件的是(　　)。

    A. Windows 10、Android、IOS

    B. Red Hat Linux、Microsoft SQL Server 2008、C++

    C. Ubuntu、WPS Office、Lumia

    D. Unix、WinRAR、Mac OS

二、问答题

1. 调研目前市场上主流计算机的配置及价格，给出一份 5 千元左右的办公台式计算机的详细配置单。

2. 设想一下，十年以后的计算机会发展成什么样子，具备哪些特征，能够实现哪些功能？

第 2 章

Windows 10 操作系统

【学习目标】

- 能够独立进行 Windows 10 操作系统的安装、升级、清理遗留数据
- 熟练掌握 Windows 10 的新功能：开始菜单、虚拟桌面、分屏多窗口、操作中心
- 熟练掌握 Windows 10 操作系统的桌面、窗口、文件、软件的安装与管理基本操作
- 能够个性化设置 Windows 10 操作系统

2.1 Windows 10 操作系统安装与升级

2.1.1 系统安装前准备

1. 检查系统配置

Windows 10 操作系统对电脑的配置要求并不高，是微软公司面向大多数平台推出的，能兼顾中、低档电脑的配置。硬件配置要求具体如图 2-1 所示。

安装 Windows 10 的系统要求

这些是在电脑上安装 Windows 10 的基本要求。如果你的设备无法满足这些要求，则你可能无法享受到 Windows 10 的最佳体验，并且建议你考虑购买一台新的电脑。

处理器:	1 GHz 或更快的处理器或 **系统单芯片 (SoC)**
RAM:	1 GB (32 位) 或 2 GB (64 位) ；
硬盘空间:	16 GB (32 位操作系统) 或 32 GB (64 位操作系统)
显卡:	DirectX 9 或更高版本 (包含 WDDM 1.0 驱动程序)
显示器:	800x600
互联网连接:	需要连接互联网进行更新和下载，以及利用某些功能。在 S 模式下的 Windows 10 专业版、Windows 10 专业教育版、Windows 10 教育版，以及 Windows 10 企业版，在初始设备设置 (全新安装体验或 OOBE) 时均需要互联网连接，以及 Microsoft 账户 (MSA) 或是 Azure Activity Directory (AAD) 账户。在 S 模式下将设备切换出 Windows 10 也需要互联网连接。在此处更多了解 S 模式。

图 2-1 硬件配置表

需要做的准备工作：

- 准备 Windows 10 系统光盘或带引导系统的 U 盘安装盘。
- 请确保已经备份好 PC 上的所有数据，干净安装会清除掉 PC 上所有的文件。
- 开始之前，请断开所有外部设备，鼠标、键盘、网线除外。

2. 设置电脑 BIOS 第一启动设备

(1) 启动主机电源，迅速按下进入 BIOS 设置的功能键，主板型号不同，按键不一样，常见的有 Del、F8、F9、F12 或 ESC，可根据启动提示或查看你的机型说明得知。一般台式机按【Delete】键。将光盘放入光驱。

(2) 进入设置窗口后，找到 Boot 项，即找到引导次序设置项，将 Boot Option #1 设为光驱。

注释：

若是用 U 盘安装则第一引导设置设为 USB HDD。保存后退出，重启计算机。

2.1.2　安装 Windows 10 操作系统

1. 启动安装系统，收集信息

(1) 将 Windows 10 操作系统的安装光盘放入光驱中，重新启动计算机，出现 "Press any key to boot from CD or DVD…" 提示后，按任意键开始从光盘启动安装。

(2) 进入启动界面：系统自动加载安装文件，此时用户不需要执行任何操作，如图 2-2 所示。

(3) 选择安装语言：弹出【Windows 安装程序】界面，设置语言、国家、输入法，单击【下一步】按钮，如图 2-3 所示。

图 2-2　安装启动界面　　　　　　　　　　　　图 2-3　选择安装语言

(4) 进入安装界面：如果要立即安装 Windows 10，则单击【现在安装】按钮，如果要修复系统错误，则单击【修复计算机】选项，这里单击【现在安装】按钮，如图 2-4 所示。

(5) 进入 "激活 Windows" 界面：输入购买 Windows 10 系统时微软公司提供的密钥，单击【下一步】按钮，如图 2-5 所示。

注释：

- 密钥一般在产品包装背面或者电子邮件中。
- 若用户暂时没有产品密钥，可单击"跳过"按钮，暂不激活系统，等待安装完成后再激活。

图 2-4　【现在安装】界面

图 2-5　"激活 Windows"界面

(6) 选择系统版本：在对话框中选择需要安装的系统版本，单击【下一步】按钮，如图 2-6 所示。

(7) 同意许可条款：单击选中【我接受许可条款】复选项，单击【下一步】按钮，如图 2-7 所示。

图 2-6　选择系统版本

图 2-7　【适用的声明和许可条款】对话框

(8) 选择安装类型：如果要采用升级的方式安装 Windows 系统，可以单击"升级"选项。全新安装单击"自定义：仅安装 Windows(高级)"选项，如图 2-8 所示。

2. 磁盘分区，选择安装位置

(1) 新硬盘分区操作：进入"你想将 Windows 安装在哪里？"界面，此时的硬盘是没有分区的新硬盘，首先要进行分区操作。如果是已经分区的硬盘，只需要选择要安装的硬盘分区，单击【下一步】按钮即可。这里单击【新建】按钮，如图 2-9 所示。

注释：

- 系统默认安装在 C 盘，若安装在其他硬盘分区中，应将该分区格式化处理。
- 若新电脑新硬盘，先将硬盘分区，然后选择系统盘 C 盘。
- 安装 Windows 10 操作系统时，建议系统盘空闲空间在 50GB 以上。

图 2-8　"选择安装类型"界面　　　　　　图 2-9　新硬盘分区操作

(2) 设置分区大小参数：【大小】文本框中输入磁盘大小，单击【应用】按钮，最小值 60000MB，如图 2-10 所示。

(3) 选择系统安装位置：选择需要安装系统的分区，单击【下一步】按钮，如图 2-11 所示。

 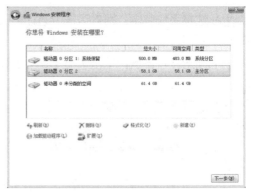

图 2-10　设置分区大小参数　　　　　　图 2-11　选择系统安装位置

3. 自动进行 Windows 安装

(1) 进入"正在安装 Windows"界面：Windows 安装会自动进行，如图 2-12 所示。

注释：

安装期间，系统会自动重启电脑数次，用户不需手动重启。

(2) 进入系统设置：安装主要步骤完成之后进入后续设置阶段，可直接单击【使用快速设置】按钮使用默认设置，也可单击【自定义设置】来逐项设置，如图 2-13 所示。

(3) 设置电脑所有者：在【谁是这台电脑的所有者？】界面，选择【我拥有它】选项，单击【下一步】按钮，如图 2-14 所示。

(4) 设置 Microsoft 帐户：在【个性化设置】界面，用户可以输入 Microsoft 帐户，如果没有，单击【创建一个】超链接进行创建，如果没有网络可以单击【跳过此步骤】链接，这里单击【跳过此步骤】链接，如图 2-15 所示。

图 2-12　"正在安装 Windows"界面

图 2-13　"快速上手"界面

图 2-14　设置电脑所有者

图 2-15　设置 Microsoft 帐户

(5) 创建电脑帐户：进入【为这台电脑创建一个帐户】界面，输入要创建的用户名、密码和提示内容，单击【下一步】，如图 2-16 所示。

(6) 系统安装完成后，会出现欢迎界面，然后进入系统桌面。系统会根据用户的显示器以及显卡的性能自动调整最合适的屏幕分辨率，如图 2-17 所示。

图 2-16　为电脑创建一个用户

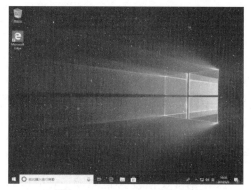

图 2-17　Window10 系统桌面

2.1.3　查看 Windows 10 激活状态及版本信息

安装 Windows 10 操作系统后，可以查看 Windows 10 是否已经激活，如果没有激活，将会影响操作系统的正常使用，需根据提示进行激活操作，查看 Windows 10 激活状态。

(1) 使用快捷键【Win+I】，打开【Windows 设置】面板，单击【更新和安全】选项，如图 2-18 所示。

(2) 进入【设置-更新和安全】面板，单击【激活】选项，即可在右侧显示 Windows 10 操作系统的激活状态。如果显示"激活"，则表示安装的 Windows 10 操作系统处于激活状态，如图 2-19 所示。

图 2-18　设置面板　　　　　　　　　　　图 2-19　激活选项

(3) 查看系统的版本信息：使用快捷键【Win+E】，在打开的【文件资源管理器】窗口单击【文件】选项卡，在弹出的列表中选择【帮助】→【关于 Windows】命令，如图 2-20、2-21 所示。

图 2-20　"文件资源管理器"窗口　　　　　图 2-21　查看版本信息

2.1.4　升级 Windows 10 系统到最新版本

Windows 10 推出新版本后，用户可以自己手动进行更新，这样确保自己第一时间体验新功能。更新最新版本的方法最主要有以下两种。

1. 使用微软 Microsoft 官网更新助手

(1) 打开微软软件下载页面(www.microsoft.com/zh-cn/software-download/windows10)单击页面中的【立即更新】超链接，如图 2-22 所示。

(2) 在页面下方弹出的对话框中，单击【运行】按钮，即可下载并运行更新助手工具，如图 2-23 所示。

图 2-22 官网更新界面

图 2-23 下载并运行更新工具

(3) 在弹出的【微软 Windows 10 易升】软件对话框中，单击【立即更新】按钮，如图 2-24 所示。

(4) 软件检测电脑的兼容性后，如果 CPU、内存及磁盘空间正常的话，则可直接单击【下一步】按钮。如果检测不满足条件，则根据提示进行操作，如释放磁盘空间。如图 2-25 所示。

图 2-24 【微软 Windows 10 易升】对话框

图 2-25 软件检测电脑的兼容性

(5) 软件下载 Windows 10 更新，并显示进度。如果当前电脑有其他操作，可单击【最小化】按钮，将其缩小到通知栏中，如图 2-26 所示。

(6) 更新完成后，进入到系统桌面，可以看到提示。单击【退出】按钮，即可完成系统升级，如图 2-27 所示。

图 2-26 更新界面

图 2-27 更新完成界面

2. 使用"Windows 更新"功能

(1) 使用快捷键【Win+I】，打开【Windows 设置】面板，然后单击【更新和安全】选项。

(2) 进入【设置-更新和安全】面板，单击左侧的【Windows 更新】选项，在右侧区域单击【检查更新】按钮，进行系统检查。

(3) 根据提示升级即可，可根据个人情况选择【立即安装】和【下载并安装】，如图 2-28 所示。

(4) 更新升级完成后，可选择"查看更新历史记录"，如图 2-29 所示。

图 2-28　Windows 更新界面

图 2-29　更新历史记录

2.1.5　清理系统升级的遗留数据

升级 Windows10 系统后，系统盘中会产生一个"Windows.old"文件夹，该文件夹保留了之前系统的相关数据，不仅占用大量系统盘容量，而且无法直接删除，如果不需要执行回退操作，可以使用磁盘工具将其清除，节省磁盘空间，清理系统升级遗留数据。

(1) 使用快捷键【Win+E】，进入【文件资源管理器】窗口，单击【此电脑】选项，右击系统盘图标，在弹出的快捷菜单中选择【属性】菜单命令，如图 2-30 所示。

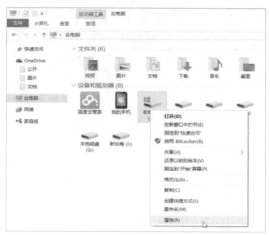

图 2-30　系统盘打开【属性】对话框

(2) 在【属性】对话框，单击【常规】选项卡下的【磁盘清理】按钮，如图 2-31 所示。

图 2-31　【常规】选项卡

(3) 弹出【磁盘清理】对话框，系统将开始扫描系统盘。扫描完成，弹出【磁盘清理】对话框，单击【清理系统文件】按钮，如图 2-32 所示。

(4) 扫描系统后，在【要删除的文件】列表中选中【Windows 更新清理】复选框，单击【确定】按钮，在弹出的【磁盘清理】提示框中，单击【确定】按钮，即可进行清理，如图 2-33 所示。

图 2-32　【磁盘清理】对话框

图 2-33　释放 Windows 更新文件

2.2 认识 Windows 10 新功能

2.2.1 挑战全新的【开始】菜单

Windows 10 操作系统中出现了全新的【开始】菜单，新的【开始】菜单与旧的【开始】菜单相似，但增添了 Windows 8 的磁贴功能。实际使用起来，全新的【开始】菜单相对旧的【开始】菜单具有很大的优势，因为【开始】菜单照顾到了桌面和平板电脑用户。

1. 认识全新的【开始】菜单

单击桌面左下角的【开始】按钮![开始]，弹出【开始】工作界面。主要由【展开/开始】按钮、"固定项目列表"、"应用列表"和"动态磁贴面板"等组成，如图 2-34 所示。

图 2-34　全新【开始】菜单

【展开】按钮：可以展开显示所有固定项目。"固定项目列表"：包含了【用户】【文档】【图片】【设置】及【电源】按钮。"应用列表"：显示电脑中的应用程序。"动态磁贴"中的信息是动态的，在任何时候都显示正在发生的变化，其功能和快捷方式相似。"开始"屏幕中包含多个动态磁贴和应用程序的快捷图标，方便用户快速启动常用应用程序。

2. 将常用应用程序固定到"开始"屏幕

用户可以将常用应用程序固定到"开始"屏幕中，方便快速查找与打开。具体操作步骤如下。

(1) 在程序列表中，选中需要固定到"开始"屏幕中的程序，右击该程序，在弹出的快捷菜单中选择【固定到"开始"屏幕选项】，如图 2-35 所示，结果如图 2-36 所示。

(2) 如果想要将某个程序从"开始"屏幕中删除，可在"开始"屏幕中选中程序图标，右击，选择"从"开始"屏幕取消固定"即可。

 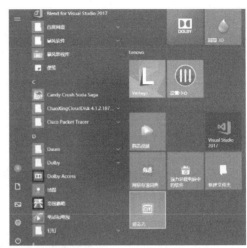

图 2-35　应用程序固定到"开始"屏幕　　　　图 2-36　固定到【开始】菜单效果

3. 打开与关闭动态磁贴

动态磁贴可以帮助用户及时了解应用的更新信息与最新动态。打开与关闭动态磁贴操作方法如下：

打开操作：右击需要打开的动态磁贴图标，在弹出的快捷菜单中选择【更多】→【打开动态磁贴】，如图 2-37 所示。

图 2-37　打开动态磁贴

关闭操作：右击需要关闭的动态磁贴图标，在弹出的快捷菜单中选择【更多】→【关闭动态磁贴】。

4. 整理【开始】屏幕

【开始】菜单中的磁贴过多，会影响用户的使用效率。进行有效整理，如删除不常用的磁贴、新建磁贴组、调整磁贴组等可提高用户体验感。

① 删除不常用的磁贴：右击不常用磁贴，在弹出的快捷菜单中选择【从"开始"屏幕取消固定】。

② 新建磁贴组：将同一类的磁贴到空白区域，当出现灰色栏时释放鼠标。将指针移动到"命名组"栏，单击"命题组"右侧的"="按钮，单击定位插入点，输入新的名词，然后按回车键确认，如图 2-38 所示。

图 2-38　重命名磁贴组

③ 调整磁贴组：将同类目标的磁贴，拖拽至目标磁贴组。同时可通过右击磁贴，在弹出的快捷菜单选择【调整大小】命令，进行大小调整。

2.2.2　合理使用虚拟桌面功能

Windows 10 新功能虚拟桌面(多桌面)，打破传统一用户一桌面的形式，增加同一个用户多个桌面环境，可选择性加强。例如：办公室人员工作的同时又有放松时间，可设置一个办公桌面、一个娱乐桌面。通过虚拟桌面功能，可以为一台电脑创建多个桌面。下面以创建一个办公桌面和一个娱乐桌面为例，来介绍多桌面的使用方法与技巧。

(1) 单击任务栏搜索框右侧的"任务视图"按钮▣，进入虚拟桌面操作界面，如图 2-39 所示。

图 2-39　虚拟桌面操作界面

(2) 单击【新建桌面】按钮，系统自动新建一个桌面，命名为"桌面 2"，如图 2-40 所示。

图 2-40　新建桌面

(3) 进入桌面 1，在其中右击任意窗口图标，弹出快捷菜单中选择【移动到】→【桌面 2】选项即可，如图 2-41 所示。

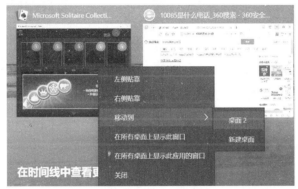

图 2-41　移动到桌面

(4) 使用快捷键【Win+Tab】即可打开虚拟桌面视图窗口，单击桌面切换。

注释：

● Windows 10 创建虚拟桌面没有数量限制。

● 使用快捷键【Win+Tab+→】和【Win+Tab+←】，可以快速向左、向右切换虚拟桌面。

图 2-42　切换虚拟桌面

2.2.3　分屏多窗口功能

在工作中，用户经常会打开多个程序或窗口，并不停地切换。Windows 10 系统中分屏功能可以在桌面同时显示多个窗口，方便用户切换。下面以将屏幕分成三区，显示三个窗口为例，介绍分屏多窗口的使用方法。

(1) 拖拽一个程序窗口到屏幕右侧，当出现窗口停靠虚框时释放鼠标即可，如图 2-43 所示。

(2) 此时程序窗口将停靠在桌面右侧，占据一半的屏幕，另一半则会显示其他打开了的窗口，单击其中的某一个窗口缩略图，如图 2-44 所示。

图 2-43　拖拽窗口至出现虚框

图 2-44　屏幕分两屏效果

(3) 此时选择的窗口将停靠到桌面左侧，占满剩余的屏幕部分。若单击左侧空白位置，则将退出停靠状态。

(4) 将程序窗口拖拽到左上角，此时，程序窗口将停靠在屏幕的左上方，并在下方显示其他程序窗口，如图 2-45 所示。

图 2-45　屏幕分两屏效果

(5) 在左下方显示的程序图标上单击需要显示的程序缩略图，即可将窗口停靠在左下方，如图 2-46 所示。

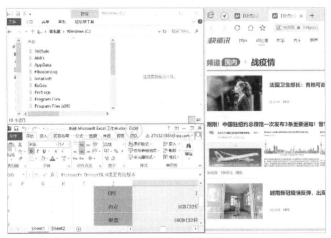

图 2-46　屏幕分三屏效果

2.2.4　操作中心功能

Window 10 操作系统引入了全新的操作中心，可集中显示操作系统通知、邮件通知等信息以及快捷操作选项。

操作中心在任务栏通知区域以图标方式显示，单击图标即可打开操作中心，如图 2-47所示。使用快捷键【Win+A】也可以快速打开操作中心。

图 2-47　操作中心

图 2-48　【设置】窗口中的【系统】选项

操作中心由两部分组成，最上面的部分为通知信息列表，操作系统会自动对其进行分类，单击列表中的通知信息即可查看信息详情或打开相关设置界面。自左向右滑动通知信息即可从操作中心将其删除，单击顶部的"全部清除"将清空通知信息列表。下半部分由快捷键按钮组成。

1. 合理的关闭通知

通知信息过多，常常会干扰用户的正常使用，可合理地关闭一些通知，具体操作如下：

(1) 使用快捷键【Win+I】打开【设置】窗口，在其中选择【系统】选项，如图 2-48 所示。

(2) 在左侧选择【通知和操作】选项，在右侧单击应用对应的【开】或【关】按钮即可，如图 2-49 所示。

图 2-49　【通知和操作】选项　　　　　图 2-50　"360 电脑体检"的通知类型对话框

2. 更改通知类型

在【系统设置】窗口右侧，单击需修改通知类型的应用，以"360 电脑体检"软件为例，弹出通知类型对话框，可在对话框中自行选择通知情况，如图 2-50 所示。

3. 设置快捷按钮

(1) 在【系统设置】窗口左侧选择【通知和操作】选项，在右侧单击【编辑快速操作】，选择选项设置开关，如图 2-51 所示。

(2) 在弹出的设置界面中，单击快捷操作选项的"钉钉"图标可删除，单击【添加】按钮可增加快捷操作选项，如图 2-52 所示。

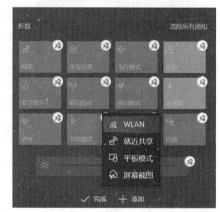

图 2-51　【编辑快速操作】选项　　　　　图 2-52　【编辑快速操作】界面

2.3　Windows 10 基本操作

2.3.1　桌面基本操作

为了方便日常工作与学习，通常将经常使用的文件、文件夹、程序快捷图标放置在桌面，并设置桌面图标大小及排列方式，以便查找。对于特殊的内容图标，还可以自行设置图标样式，便于区分。对于不常用的图标，则可以删除。

1. 添加常用的系统图标

默认情况下，刚装好的 Windows 10 操作系统桌面只有【回收站】和【浏览器】图标，用户可以添加【此电脑】【网络】【控制面板】等图标。

(1) 右击桌面空白处，在弹出的快捷菜单中选择【个性化】选项，如图 2-53 所示。

(2) 打开【设置】面板下的【个性化】中心，选择【主题】选项卡。

(3) 在【主题】对话框中，下滑至【相关的设置】栏，单击【桌面图标设置】，如图 2-54 所示。

图 2-53　快捷菜单中的【个性化】选项

图 2-54　【设置面板-主题】界面

(4) 弹出【桌面图标设置】对话框，在其中启用需要添加的系统图标的复选框，单击确定，如下图 2-55 所示。

图 2-55　【桌面图标设置】对话框

(5) 返回桌面，选择的图标已添加至桌面。

2. 创建常用程序的快捷图标

(1) 在【开始】菜单中，找到目标程序，右击，选择【更多】→【打开文件位置】。

(2) 在弹出的窗口中，单击【管理-快捷工具】选项卡中的【打开位置】按钮，如图 2-56 所示。

(3) 在弹出窗口中，找到程序，右击，快捷菜单中选择【发送到】命令，在打开的子菜单中选择【桌面快捷方式】命令，如图 2-57 所示。

图 2-56 "快捷工具"中的【打开位置】选项 　　　　图 2-57 创建程序的桌面快捷方式

(4) 返回桌面查看快捷图标。

3. 创建文件或文件夹快捷图标

(1) 右击需要创建的文件、文件夹，在弹出的快捷菜单中选择【发送到】→【桌面快捷方式】选项。

(2) 返回桌面查看文件夹快捷图标。

4. 设置图标的大小及排序

(1) 右击桌面空白处，在快捷菜单中选择【查看】选项，在弹出的子菜单中显示 3 种图标大小，用户可根据实际情况自行选择，如图 2-58 所示。

(2) 右击桌面空白处，弹出图 2-58 所示的快捷菜单，选择【排序方式】选项，弹出的子菜单有 4 种排序方式：名称、大小、项目类型和修改日期，用户可根据实际情况自行选择。

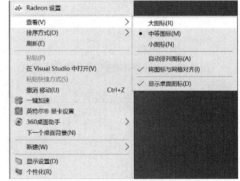

图 2-58 【图标大小】选项

5. 更改图标样式

(1) 右击桌面文件夹，在弹出的快捷菜单中选择【属性】，在弹出的【属性】对话框中，单击【自定义】选项卡中的【更改图标】按钮，如图 2-59 所示。

(2) 在弹出的对话框中，可以从列表中选择一个图标。或者用户可通过单击【浏览】按钮，在打开的对话框中，找到需要设置图标的图片所在的位置，选择图标图片，单击【确定】，如图 2-60 所示。

图 2-59   【更改图标】选项

图 2-60   选择新的图标

2.3.2 窗口的基本操作

窗口，是用于查看应用程序或文件等信息的一个矩形区域。Windows 10 操作系统中窗口负责显示和处理某一类信息，用户可在上面工作，并在各窗口之间交换信息。运行每一个应用程序时，系统将会创建并显示对应的一个窗口。Windows 10 中有应用程序窗口、文件夹窗口、对话框窗口等，其组成如图 2-61 所示。

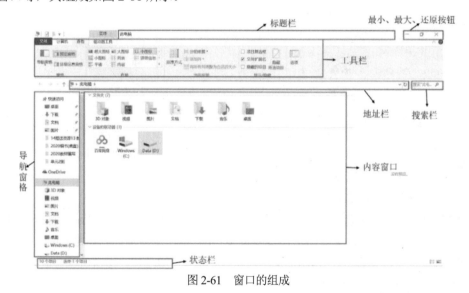

图 2-61   窗口的组成

窗口的主要操作：移动窗口、缩放窗口、关闭窗口、最大化、还原及最小化窗口、窗口切换。

1. 移动窗口

用鼠标按住标题栏可以移动窗口。

2. 缩放窗口

用鼠标指向窗口的任意边界或 4 个角，当光标变成双箭头时，可以任意缩放窗口；半自动化的窗口缩放是 Windows 10 的另外一项有趣功能：用户把窗口拖到屏幕最上方，窗口就会自动最大化；把已经最大化的窗口往下拖一点，它就会自动还原；把窗口拖到左右边缘，它就会自动变成 50%屏幕的宽度。

3. 关闭窗口、最大化/还原及最小化窗口

单击窗口右上角的三个按钮分别可以实现最小化、最大化/还原、关闭操作；另外，单击任务栏上最右边的【显示桌面】按钮可以最小化所有窗口。最小化窗口，是将程序转入后台运行。当用户在 Windows 10 系统中打开大量文档工作时，如果需要专注在其中一个窗口，只需要在该窗口上按住鼠标左键并且轻微晃动鼠标，其他所有的窗口便会自动最小化；重复该动作，所有窗口又会重新出现。

窗口的大部分操作还可以通过窗口菜单来完成，单击标题栏左上角的控制菜单按钮就可以打开如图 2-62 所示的控制菜单，选择要执行的菜单命令即可。

4. 桌面上窗口的排列方式

在桌面上所有打开的窗口可以采取层叠或平铺的方式进行排列，方法是在任务栏的空白处右击，在弹出的图 2-63 所示的快捷菜单中选择相应的显示方式即可。

图 2-62　控制菜单

图 2-63　快捷菜单

5. 窗口切换

Windows 可以同时打开多个窗口，但只能有一个活动窗口。切换窗口就是将非活动窗口变成活动窗口的操作，切换的方法有：

方法 1. 快捷键【Alt+Tab】

使用快捷键【Alt+Tab】时，屏幕中间的位置会出现一个矩形区域，显示所有打开的应用程序和文件夹图标，按住【Alt】键不放，反复按【Tab】键，这些图标就会轮流由一个蓝色的框包围而突出显示，当要切换的窗口图标突出显示时，松开【Alt】键，该窗口就会成为活动窗口。

方法 2. 快捷键【Alt+Esc】

快捷键【Alt+Esc】与【Alt+Tab】的使用方法相同，唯一的区别是按下快捷键【Alt+Esc】不会出现窗口图标方块，而是直接在各个窗口之间进行切换。

方法 3. 利用程序按钮区

每运行一个程序，在任务栏中就会出现一个相应的程序按钮，单击程序按钮就可以切换到相应的程序窗口。

方法 4. 用鼠标单击窗口的任意位置。

2.3.3　文件管理基本操作

文件是电脑中最小的数据组织单位，常见文件有图片文件、系统文件、视频文件、office 办公文件等等。为了便于管理，可以把文件组织到文件夹(目录)和子文件夹(子目录)中。

Windows 10 系统，开发设计了两项便利的新功能：最近使用的文件功能，快速访问功能。

进行文件管理首先要掌握文件和文件夹的基本操作，如创建、打开和关闭、复制和移动、删除、重命名等操作。

在文件管理时，用户有时会忘记文件或文件的位置，只大概记得名称时，搜索操作就很重要。

除此之外，隐藏与显示文件或文件夹、压缩与解压缩文件或文件夹、加密和解密文件或文件夹，这些操作也在我们的工作中常常用到。

1. 最近使用的文件功能，快速打开文件

Windows 10 系统文件管理器添加了最近使用的文件列表功能，用户可以通过最近使用的文件列表来快速打开文件。

使用【Win+E】快速打开"资源管理器"窗口，单击【快速访问】选项，在内容窗口处会显示常用文件夹和最近使用的文件，如图 2-64 所示。

2. 将文件夹固定到快速访问列表，便于查找和使用

(1) 选中需要固定在快速访问列表中的文件夹，右击，在弹出的快捷菜单中选择【固定到快速访问】命令，如图 2-65 所示。

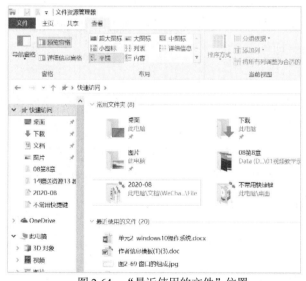

图 2-64　"最近使用的文件"位置

图 2-65　【固定到快速访问】命令

(2) 返回"资源管理器"窗口，可看到选中的文件已固定到快速访问列表中，后面显示固定图标，不同于常用文件夹。

3. 查看文件或文件夹

(1) 在窗口左侧的导航窗格中，项目前面的向右箭头可以展开或折叠其下一级子目录。

(2) 在如图 2-64 所示的文件夹窗口中，【查看】选项卡【布局】栏中有多种视图方式：超大图标、大图标、中等图标、小图标、列表、详细信息、平铺、内容等。其中【详细信息】可以显示名称、类型、日期、大小、长度等属性，并可以通过单击来依据属性进行排序。

4. 新建文件或文件夹

(1) 选中要创建文件夹或文件的位置("资源管理器"窗口或桌面的空白处)。

(2) 右击，在弹出的快捷菜单中选择【新建】命令，在子菜单中选择【文件夹】命令即可创建文件夹，选择其他选项可以新建相应的文件，如单击【文本文档】即创建一个记事本文件。

5. 选定文件或文件夹

要对文件或文件夹进行各种操作，首先应选定该文件或文件夹。

1) 选定单个文件或文件夹

单击要选定的文件或文件夹，被选定的文件或文件夹以蓝底形式显示。若需取消选择，单击一下被选定文件或文件夹外的任意位置，恢复未选定的状态。

2) 选定一组相邻文件或文件夹

要选择多个相邻的文件或文件夹，将鼠标指针移动到要选定范围的一角，按住鼠标左键不放进行拖动，出现一个浅蓝色的半透明矩形框。当矩形框框选住所有文件或文件夹后，释放鼠标左键，即可选中矩形框内所有的文件或文件夹。

3) 选定一组连续的文件或文件夹

要选定多个连续的文件或文件夹，首先单击第一个文件或文件夹，然后按住【Shift】键不放，再单击要选中的最后一个文件或文件夹即可。

4) 选定一组不相邻文件或文件夹

先按住【Ctrl】键不放，然后依次单击想要选定的各个文件或文件夹即可。要想取消选定的某个文件或文件夹，只需再次单击它即可。

5) 选定全部文件

在【主页】选项卡的【选择】功能区中单击【全部选择】按钮，或使用快捷键【Ctrl+A】，可以选定当前窗口中的所有文件和文件夹，如图 2-66 所示。

6. 删除文件或文件夹

选中文件或文件夹后，可以通过以下几种方法完成删除操作。

① 右击，在弹出的快捷菜单中选择【删除】命令；

② 拖动到桌面上的【回收站】图标上，释放鼠标即可；

③ 直接按【Delete】键。若要永久删除文件或文件夹，则在选中文件或文件夹后，按【Delete】的同时按住【Shift】键进行删除。

注释:

误删的挽回方法:

方法 1.　通过"快速访问工具栏"单击"撤消"按钮(快捷键为【Ctrl+Z】)，如图 2-67 所示。

方法 2.　双击打开【回收站】，找到误删除的对象，右击，在弹出的快捷菜单选择【还原】来恢复。

图 2-66　【全部选择】按钮

图 2-67　"撤消"按钮

7. 复制和移动文件或文件夹

复制文件或文件夹是指为文件或文件夹在某个位置创建一个备份，而原位置仍然保留；移动文件或文件夹是指将文件或文件夹从一个目录中移到另一个目录中。移动和复制文件或文件夹可以通过菜单命令和鼠标拖动两种方法进行。

1) 复制文件或文件夹

① 用拖动的方法：用鼠标选择要复制的文件或文件夹，按住【Ctrl】键，并将文件或文件夹拖到目的驱动器或文件夹中，松开鼠标和【Ctrl】键即可。

② 用剪贴板的方法：用鼠标选择要复制的对象，使用快捷键【Ctrl+C】，选择目的驱动器或文件夹，使用快捷键【Ctrl+V】即可。

2) 移动文件或文件夹

① 用快捷键：鼠标选择要移动的对象，使用快捷键【Ctrl+X】，选择目的驱动器或文件夹，使用快捷键【Ctrl+V】即可。

② 用【移动到】按钮：在要移动对象窗口【主页】选项卡的【组织】功能区中单击【移动到】按钮，在打开的目录列表中选择目标位置即可。

8. 重命名文件或文件夹

为了区别文件或文件夹，可以对每个文件或文件夹进行命名。当需要更改文件或文件夹名称时，就要进行重命名操作。

(1) 选定要重命名的文件或文件夹，右击，在弹出的快捷菜单中选择【重命名】命令。

(2) 此时要重命名的文件或文件夹图标下面的文字将反白显示，输入新的名称，完成后按回车键即可。

注释：

同一个文件夹中不允许存在相同的子文件夹名，也不允许出现文件名与扩展名都相同的文件。

9. 搜索文件或文件夹

计算机中有成千上万的文件和文件夹，查找一些不常用的文件或文件夹是很费时的，可以使用 Windows 10 的搜索功能来搜索所需的文件或文件夹。

在 Windows 10 中搜索文件时，经常用到通配符，通配符是指可以代表某一类字符的通用代表符，常用的有两个：星号(*)和问号(？)。星号代表一个或多个字符，问号只能代表一个字符。比如，搜索 D 盘中所有的电子表格文件，可以输入"*.xlsx"。

(1) 在打开的【开始】菜单的"搜索框"中输入要搜索的内容，此时会在计算机内进行搜索。

(2) 在"资源管理器"的"搜索框"中输入要搜索的内容，此时可以在地址栏中选择搜索位置。单击"搜索框"还可以设置"修改日期""大小"条件进行搜索，以缩小搜索结果的范围，如图 2-68 所示。

如果选择的视图为"详细信息"，便可查看到各个文件的位置、大小和修改日期等详细信息。

10. 修改文档属性

在 Windows 10 环境下，文件具有 3 种属性：只读、隐藏、系统。修改文件或文件夹属性的步骤如下：

(1) 选中要改变属性的文件或文件夹，右击，在弹出的快捷菜单中选择【属性】命令，会打开图 2-69 所示的对话框。

图 2-68　按照大小或日期进行搜索

图 2-69　"文件属性"对话框

(2) 选中要设定属性的复选框，单击【确定】按钮完成属性设置。

另外，单击对话框中的【高级】按钮，在打开的对话框中还可以对文件或文件夹进行加密设置，以便有效地保护它们，免受未经许可的访问。

11. 文件或文件夹的显示/隐藏操作

1) 显示/隐藏文件的扩展名

选中目标，在【查看】选项卡的【显示/隐藏】功能区中，通过选中和禁用【文件扩展名】复选框，可以显示或隐藏文件扩展名，如图 2-70 所示。

2) 隐藏文件或文件夹

选中目标，在【查看】选项卡的【显示/隐藏】功能区中，选中【隐藏的项目】复选框，可以隐藏文件或文件夹，如图 2-70 所示。

图 2-70 显示/隐藏面板

3) 显示隐藏文件或文件夹

在【查看】选项卡的【显示/隐藏】功能区中，禁用【隐藏的项目】复选框即可。

2.3.4 软件的安装与管理

1. 常用输入法的安装与管理

Windows 10 操作中自带一些输入法，用户可将其添加到语言栏中，也可自行下载安装熟悉的输入法。

1) 添加或删除系统自带输入法

(1) 【Win+I】打开设置窗口，单击【时间和语言】图标，进入【语言】面板，单击【首选语言】中的【中文(中华人民共和国)】，展开选项内容，单击【选项】按钮，如图 2-71 所示。

(2) 在弹出的"语言选项：中文(简体，中国)"对话框中，单击【添加键盘】，在打开的列表中选择需要的输入法即可，如图 2-72 所示。

(3) 如果不想使用系统自带的某种输入法。只需单击输入法，在展开的选项中，单击【删除】按钮即可。

图 2-71　"设置-语言"对话框　　　　　　　　　　图 2-72　添加输入法

2）安装第三方输入法

安装输入法之前，用户需要先从网上下载输入法程序，下面以搜狗拼音输入法为例。

(1) 进入官网，选择适用于 Win10 的软件下载，在弹出的下载对话框中，单击【保存】，如图 2-73 所示。

图 2-73　官网下载软件安装包

(2) 下载完成后，单击【打开文件夹】，如图 2-74 所示。

图 2-74　下载完毕，打开文件夹

(3) 系统自动弹出安装文件保存位置，双击"sogou_pinyin_98a.exe"安装文件。

(4) 启动搜狗输入法安装向导，选中【已阅读并接受用户协议&隐私政策】复选框，单击【自定义安装】按钮，如图 2-75 所示。

(5) 单击【安装位置】文本框右边的 【浏览】按钮，选择软件安装位置，选择完成后，单击【立即安装】按钮，如图 2-76 所示。

图 2-75　启动搜狗输入法安装　　　　　　　　图 2-76　选择软件安装位置

(6) 安装完成后，在弹出的界面中，禁用推荐安装和设置的复选框，单击【立即体验】按钮，如图 2-77 所示。

图 2-77　取消推荐软件安装

3) 切换输入法快捷键

通常我们使用快捷键快速切换输入法，不同的操作系统快捷键不同。

- Windows 10 输入法切换快捷键是【Win+空格】。
- Windows 7 及以前版本输入法切换快捷键是【Ctrl+Shift】。

2. Windows 10 常用的内置应用软件

Windows 10 内置应用软件非常丰富，便于用户工作和生活，如：计算器、录音机、截图和草图、便签、闹钟和时钟、日历等，这些应用软件通过【开始】菜单均可以找到对应的启动选项。

1) 计算器

(1) 在【开始】菜单中找到【计算器】选项，单击即可启动计算器。

(2) 计算器除了具有标准计算功能外，还具备了多种计算功能：科学、程序员、日期计算等，单击计算器窗口左上角的导航菜单按钮，打开列表，如图 2-78 所示。

2) 录音机

(1) 在【开始】菜单中单击【录音机】选项，即可打开录音机。

(2) 录音机在录音过程可添加标记，录制完成后，具备修建功能，如图 2-79 所示。

图 2-78　计算器内置功能　　　　　　　　　　　　　　图 2-79　录音机

3) 截图和草图

在【开始】菜单中单击【截图和草图】选项，即可打开屏幕截图工具。单击【新建】按钮，开始屏幕截图。全新的截图工具支持矩形截图、任意形状截图、窗口截图和全屏幕截图。通过快捷键【Win+Shift+S】可以不启动工具界面，直接开始截图，如图 2-80 所示。

4) 便签

借助便笺应用创建笔记，可添加文本信息和图片，将信息粘贴在桌面上，还能随意地移动位置，如图 2-81 所示。

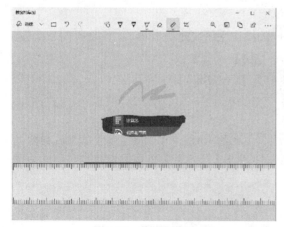

图 2-80　截图和草图　　　　　　　　　　　　　　　图 2-81　便签

5) 闹钟和时钟

闹钟和时钟可以在指定的时间提醒用户要做的事情，包含闹钟、时钟、计时器和秒表，功能强大。即使应用关闭或设备处于锁定状态，闹钟和计时器也能正常工作。

6) 日历

日历提供实用、强大的日程表视图和提醒功能，如天、周、月和年。通过日历可以规划每天的日程，可以在日历中添加节假日、生日和体育比赛(比如 NBA)等具体事件。

3. 卸载软件

软件的卸载方法有多种，可以在【程序和功能】窗口卸载软件，也可以利用软件自带的卸载命令，还可以使用第三方管理软件，如 360 软件管家、QQ 软件管家等，来卸载电脑中不需要软件。下面运用在【程序和功能】窗口卸载软件的方法，实现软件卸载。

(1) 单击【开始】菜单，在程序列表中，右击要卸载的程序选项，在弹出的菜单中，选择【卸载】命令。

(2) 系统弹出【程序与功能】窗口，右键单击要卸载的程序，弹出【卸载】命令，单击【卸载】，如图 2-82 所示。

(3) 弹出软件卸载对话框，单击【继续卸载】按钮，软件立刻卸载，如图 2-83 所示。

图 2-82　【程序与功能】窗口

图 2-83　卸载程序

2.4　个性化设置 Windows 10 操作系统

2.4.1　系统帐户设置

Windows 系统通过帐户进行登录，访问电脑、服务器。Windows 10 允许设置和使用多个帐户，其中分两类：本地帐户与 Microsoft 帐户。

本地帐户

① Windows 7 及更早版本操作系统的帐户。

② 帐户配置信息只保存在本机。在重装系统、删除帐户时会彻底消失。无权访问应用商店、

OneDrive。

③ 管理员帐户、标准帐户、来宾帐户都属于本地帐户。

Microsoft 帐户

① 微软帐户的登录方式叫联机登录,你需要输入微软帐户密码授权,并以微软帐户密码作为登录密码,帐户配置文件保存在云(OneDrive)中。

② 若重装系统、删除帐户,并不会删除帐户的配置文件;若使用微软帐户登录第二台电脑,会为两台电脑分别保存两份配置文件,并以电脑品牌型号命名配置,便于记忆。

③ 微软帐户除了可登录 Windows 操作系统,还可登录 Windows Phone 手机操作系统,实现电脑与手机的同步。同步内容包括日历、配置、密码、电子邮件、联系人、OneDrive 等。

1. 创建个人 Microsoft 帐户并登录电脑

(1) 使用快捷键【Win+I】打开【设置】窗口,选择【帐户】选项,如图 2-84 所示。

(2) 打开"帐户"设置窗口左侧【帐户信息】选项,单击【改用 Microsoft 帐户登录】超链接,如图 2-85 所示。

图 2-84　"帐户"选项

图 2-85　"改用 Microsoft 帐户登录"选项

(3) 弹出【Microsoft 帐户】对话框,可直接登录已有个人 Microsoft 帐户,若没有,选择【创建一个】,如图 2-86 所示。

(4) 创建 Microsoft 帐户:填写邮箱或电话号码,单击【下一步】,进入【创建密码】窗口,如图 2-87 所示。

图 2-86　登录或创建帐户

图 2-87　创建用户及密码

(5) 收集名字和出生信息，填写完成后进入【验证电子邮箱】窗口，如图 2-88 所示。

(6) 确定使用刚注册的 Microsoft 帐户登录此计算机，输入当前 Windows 登录密码，如图 2-89 所示。

(7) 设置 PIN 密码代替 Microsoft 帐户密码。

(8) 在【帐户信息】选项，右侧界面中单击【创建你的头像】下方的【从现有图片中选择】或相机设置个人帐户头像。

(9) 设置完成后，可在【帐户信息】下看到登录的帐户信息，如图 2-90 所示。

图 2-88　验证电子邮件

图 2-89　使用 Microsoft 帐户登录

图 2-90　Microsoft 帐户信息

2. 添加其他用户

有时需要允许其他用户登录这台电脑，可以通过添加该用户帐户的方法来实现。添加的用户帐户既可以是 Microsoft 帐户，也可以是本地帐户。

① 添加 Microsoft 帐户

(1) 打开"帐户"设置窗口，在左侧选择【家庭和其他用户】选项卡，在右侧单击【将其他人添加到这台电脑】选项，如图 2-91 所示。

(2) 输入需要添加用户的 Microsoft 帐户，单击【下一步】按钮，完成创建。如图 2-92 所示。

图 2-91　【将其他人添加到这台电脑】

图 2-92　输入 Microsoft 帐户

(3) 返回【帐户设置】窗口，可看到添加的 Microsoft 帐户。

(4) 在【开始】菜单单击帐户头像，切换登录的帐户。

② 添加本地帐户

(1) 在"帐户"设置窗口，单击【将其他人添加到这台电脑】选项，在弹出的【Microsoft

账号】窗口，选择【我没有这个人的登录信息】，如图 2-92 所示，单击【下一步】按钮，选择"添加一个没有 Microsoft 账号的用户"，如图 2-93 所示。

(2) 设置帐户信息，名称、密码及密码提示，单击【下一步】按钮，图 2-94 所示，完成创建。

图 2-93　添加一个没有 Microsoft 帐号的用户

图 2-94　创建本地帐户

2.4.2　设置个性化的操作界面

1. 设置桌面背景

(1) 右击桌面空白处，在弹出的快捷菜单中选择【个性化】命令。

(2) 打开【个性化设置】窗口，在左侧选择【背景】选项，在右侧【背景】选项栏中单击下拉箭头，选择背景类型"图片""纯色""幻灯片放映"中的一种，如图 2-95 所示。

(3) 选择"幻灯片放映"，单击"浏览"，在弹出菜单选择存放图片的文件夹，单击【选择此文件夹】按钮，如图 2-96 所示。

图 2-95　背景选项

图 2-96　选择图片文件夹

(4) 在窗口中还可以设置背景的【图片切换频率】，是否【无序播放】以及【选择契合度】。

2. 设置锁屏

Windows 10 系统的锁屏功能主要用于保护电脑的隐私安全，还可以保证在不关机的情况下省电，其锁屏所用的图片被称为锁屏界面。

1) 设置锁屏界面，添加天气详情

右击桌面的空白处，选择【个性化】选项，打开【设置-个性化】面板，选择【锁屏界面】选项，如图 2-97 所示。在【选择图片】功能区，选择锁屏图片。在【选择在锁屏界面上显示详细状态的应用】选项下，选择【+】按钮，在弹出快捷菜单中选择【天气】图标，如图 2-98 所示。

2) 设置启动锁屏时间

单击【屏幕超时设置】选项，弹出【电源和睡眠】对话框，如图 2-99 所示。在【屏幕】选项下，设置【在使用电池电源的情况下，经过以下时间后关闭】时间，单击下拉按钮，选择关闭屏幕的时间。同时也可以设置启动【睡眠】状态时间。

注释：

设置不锁屏：在【电源和睡眠】对话框的【在使用电池电源的情况下，经过以下时间后关闭】下拉列表框中将时间选项设置为"从不"。

图 2-97　锁屏界面　　　　图 2-98　添加【天气】详细状态　　　　图 2-99　设置启动锁屏时间

3) 设置屏幕保护

单击图 2-98 所示的【屏幕保护程序设置】选项，在弹出对话框中，选择【屏幕保护程序】，设置等待时间。单击【确定】按钮，如图 2-100 所示。

3. 设置电脑主题

主题是桌面背景图片、窗口颜色、声音和鼠标光标的组合。

(1) 右击桌面空白处，选择【个性化】选项，在【个性化】面板左侧，选择【主题】选项。

(2) 在"更改主题"下方选择主题，同时用户可根据自己喜好，在主题基础上修改，背景、颜色、声音、鼠标光标等，如图 2-101 所示。

(3) 单击颜色，弹出【颜色】对话框，选择主题色为"紫色"，将发现，窗口颜色和开始

菜单、图标、选中颜色均变成紫色，如图 2-102 所示。

图 2-100　设置屏幕保护　　　　图 2-101　【主题】对话框　　　图 2-102　【颜色】对话框

（4）单击【鼠标光标】，进入【鼠标属性】对话框，可修改指针方案、鼠标键双击速度等操作，如图 2-103 所示。

4. 添加字体

字体文件的扩展名有.eot、.otf、.fon、.font、.ttf、.ttc、.woff 等。其中，最常用的是.ttf 格式。为系统添加字体的方法有两种。

方法 1. 从网上下载字体库，选中需要安装的字体，按住左键拖动到【个性化】设置中的【字体】窗口，如 2-104 所示。

方法 2. 选中需要安装的字体，右击，在弹出的快捷菜单中选择"安装"即可。

图 2-103　【鼠标属性】对话框　　　　　　　图 2-104　添加字体

2.4.3　高效工作模式设置

1. 开启 Windows 10 的"护眼"模式

在 Windows 10 操作系统中，增加了【夜间模式】，开启后可以像手机一样减少蓝光，特别是在晚上或者光线特别暗的环境下，可一定程度上减少用眼疲劳。

(1) 单击屏幕右下角的【通知】图标，弹出【通知栏】。

(2) 在通知栏中，单击【夜间模式】按钮。电脑屏幕亮度变暗，颜色发黄，如图 2-105 所示。

(3) 右击桌面空白处，选择"显示设置"选项卡，打开【设置-显示】面板，单击【夜间模式设置】选项，如图 2-106 所示。

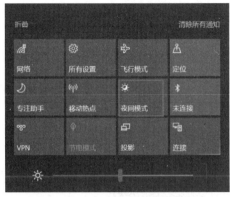

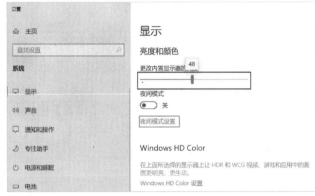

图 2-105　【夜间模式】按钮　　　　　　　　　图 2-106　夜间模式设置

(4) 在弹出的【夜间模式设置】界面，可以拖拽【强度】的滑块，调节色温情况，如图 2-107 所示。

(5) 单击打开"开启夜间模式"，同时可选择"日落到日出"选项或设置启用和关闭的时间。

2. 关闭时间线功能，保护个人隐私

Windows 10 新版本中推出了时间线功能，它是一个基于时间的新任务视图，开启时间线后，可以跟踪用户在 Windows 10 上所做的事情，例如访问的文件、应用程序、浏览器等。

一般情况下，时间线给用户提供了寻找工作轨迹的便利。如果电脑操作活动情况不想被记录，可以关闭时间线功能，保护隐私。

(1) 查看时间线：单击任务栏中的【任务视图】按钮，即可快速打开任务视图。任务视图中记录着用户近一个月的活动轨迹，如图 2-108 所示。

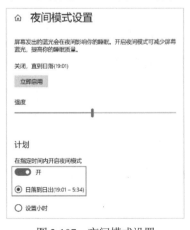

图 2-107　夜间模式设置　　　　　　　　　图 2-108　【时间线】窗口

（2）删除部分"活动卡片"：用户可以通过点击"活动卡片"，跳转到该日的活动中。如果有些活动是个人隐私，想要删除的话，则可右击"活动卡片"，在快捷菜单中选择【删除】。

（3）关闭时间线功能：快捷键【Win+I】打开【设置】面板，选择【隐私】选项，在弹出的【设置-隐私】面板中，选择【活动历史记录】选项，在右侧将【显示这些帐户的活动】下的按钮，设置为【关】，如图 2-109 所示。

3. 专注助手——开启免打扰高效工作

Windows 10 中的专注助手功能类似于手机中的免打扰模式，模式启动后，将禁止所有通知，如系统和应用消息、邮件通知、社交信息等。当关闭模式后，期间禁止的通知会被重新展示。

（1）使用快捷键【Win+I】打开【设置】面板，单击【系统】图标。

（2）单击【专注助手】选项，右侧窗口内有【关】【仅优先通知】【仅限闹钟】3 种模式，用户可自行选择，如图 2-110 所示。

图 2-109　【活动历史记录】窗口

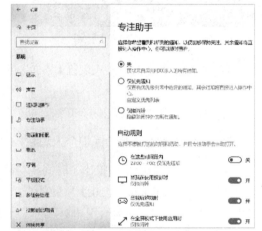

图 2-110　【专注助手】窗口

（3）在【自动规则】选项下，设置何种情况下可以自动开启"专注助手"。

【思考练习】

1. 在 E:盘创建一个自己的文件夹，如 E:\Lxz，打开截图和草图工具，或画图程序，绘制一幅图保存到该文件夹下，并将这幅图设置成桌面背景。

2. 简述窗口的组成元素。

3. 请为计算机安装 Microsoft Office 2016 办公应用软件。

4. 在任务栏中显示快速启动栏，并把日历软件启动图标放入快速启动栏。

5. 使用"控制面板"中的"添加/删除程序"图标将系统自带的"电影和电视"软件删除。

6. 下载并安装 360 安全卫士，并对 U 盘进行查杀病毒。

第 3 章
Word 2016应用

Word 2016 是微软公司开发的 Office 办公组件之一，也是当今办公最常用的软件之一。它可以用于文字排版，如办公文档排版、书籍排版等；也可以用于表格制作，如送货单、销售统计表等。

【学习目标】

- 掌握 Word 的基本概念，Word 的基本功能和运行环境，Word 的启动和退出。
- 文档的创建、打开、输入、保存等基本操作。
- 文本的选定、插入与删除、复制与移动、查找与替换。
- 字体格式设置、段落格式设置、文档页面设置。
- 表格的创建、修改；表格的修饰；表格中数据的输入与编辑；数据的排序和计算。
- 图形和图片的插入；图形的建立和编辑；文本框、艺术字的使用和编辑。

3.1 常规排版

3.1.1 认识 Word 2016 工作界面

在 Word 2016 的工作界面中，工作窗口各项功能如图 3-1 所示：

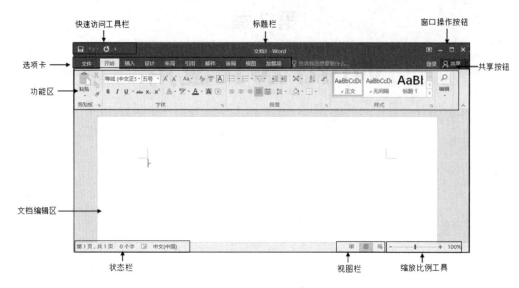

图 3-1　Word 2016 工作界面

3.1.2　Word 2016 的基本操作

1. 新建文件

用户每次启动 Word 程序的时候都会创建一个新的文档，Word 2016 提供了多种方式来新建文档。

① 通过启动 Word 程序的方法进行创建。选择【开始】→【Microsoft office 2016】→【Microsoft Word 2016】命令启动，即可以创建一个空白的文档，默认的文件名为"文档1"。

② 通过手动方法进行创建。启动 Word 2016 后，在【文件】选项卡中选择【新建】命令可以打开【新建】面板，如图 3-2 所示。在其中选择"空白文档"或某一种模板样式即可。

图 3-2　【新建】面板

2. 保存文件

在对文档进行编辑后，就需要对文档进行保存，这样被编辑过的文档就可以在下一次继续使用。应该养成随时保存文档的习惯，以免因为误操作或电脑死机引起数据的丢失。Word 提供了"保存"和"另存为"两种保存方法。

① 如果保存新建的文档，可以采用"保存"的方法。操作方法：单击快速访问工具栏中的【保存】按钮 ；或者在【文件】选项卡中选择【保存】命令；或者使用快捷键【Ctrl+S】。第一次保存文件时会自动跳转到【另存为】命令。在 Word 2016 中引入了"云"操作，用户可以将文档保存到 OneDrive 中；如果要将文档保存到本机，则在保存位置选项中选择【这台电脑】，选择保存的位置后，在弹出的【另存为】对话框中，对文档保存的位置、文件名及文件类型进行设置，如图 3-3 所示。

图 3-3　【另存为】对话框

② 如果要为现有文档建立副本，则可以采用"另存为"的方法。操作方法：在【文件】选项卡中选择【另存为】命令，在弹出的【另存为】对话框中选择存储路径即可。

③ 为了防止突发情况造成数据丢失，需要设置自动保存。操作方法：在【文件】选项卡中选择【选项】命令，在弹出的【Word 选项】对话框中选择【保存】选项。启用【保存自动恢复信息时间间隔】复选框，并在后面的文本框中设置自动保存的间隔时间，如图 3-4 所示。

3. 打开文件

打开文件的方法非常简单，首先找到文件的存储位置，直接双击该文件即可打开，或者在 Word 2016 程序中在【文件】选项卡中选择【打开】命令。如果用户想打开最近打开过的文件，可以在"最近使用的文档"列表框中进行选择。

图 3-4　设置自动保存

3.1.3　输入与编辑文字

1. 文字与符号的输入

当进入文本编辑状态时，如果要输入英文可以直接输入，如果要输入中文则要将输入法切换到中文状态，再进行输入。

常用的符号可以通过键盘直接输入，如@、￥等。对于特殊字符可以通过输入法的软键盘进行输入，操作方法：选择一种汉字输入法，如搜狗输入法，单击输入法状态条的【软键盘】按钮，如图 3-5 所示。单击【软键盘】或【特殊符号】选项，就可以输入特殊符号。

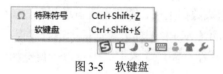

图 3-5　软键盘

2. 编辑文本

1) 选择文本

选择文本通常有以下几种方法：

- 鼠标选择法

用鼠标完成文本的选择是最常用的方法，操作方法非常简单。以选择正文第一段文字为例，将光标定位到要选择文本的开始位置，按住鼠标左键拖动到第一段文字的最后，释放鼠标左键即可。如图 3-6 所示。

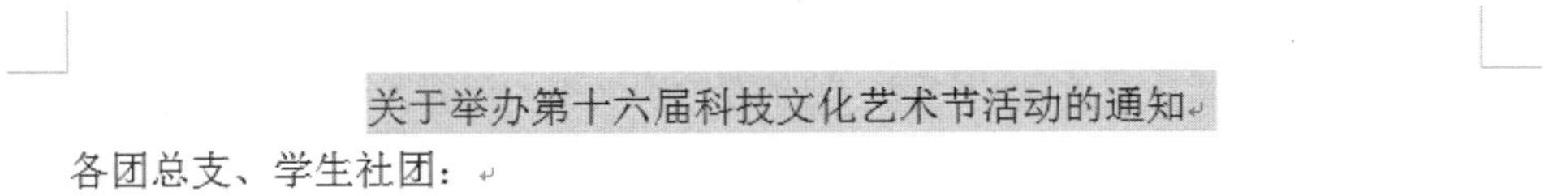

关于举办第十六届科技文化艺术节活动的通知

各团总支、学生社团：

图 3-6　选择文本

- 鼠标键盘结合选择法

这种方法更加适合复杂的文本选择，可以大大提高操作的速度。

选择连续文本：将光标定位到要选择文本开始的位置，按住【Shift】键不放，再单击所选文本结束的位置，即可选中一段连续的文本。

选择不连续文本：先选择一部分文本，之后按住【Ctrl】键不放，再选择其他所需要的文本区域，即可同时选择不连续的文本区域。

- 使用快捷键选择文本法

使用键盘选择文本时，先将插入点放到要选择文本的开始位置，然后进行快捷键操作即可。各快捷键及功能如表 3-1 所示。

表 3-1　选择文本快捷键

快　捷　键	功　　能
Shift+ ←	选择光标左边的一个字符
Shift+ →	选择光标右边的一个字符
Shift+ ↑	选择光标至光标上一行同一位置之间所有的字符
Shift+ ↓	选择光标至光标下一行同一位置之间所有的字符
Ctrl+A	选择全部文档

2) 修改和删除文本

如果要添加文本，则将光标定位到要添加文本的位置，输入新的内容即可。如果要改写一段文本，则选择错误文本后重新输入新的内容即可。

删除文字可以使用键盘上的【Backspace】或【Delete】键，区别是按下【Backspace】键是删除光标左侧的文本，而按下【Delete】键是删除光标右侧的文本。

如果在输入文本和编辑文本时不慎执行了误操作，可以按下快捷访问工具栏中的撤销操作按钮，或者按下快捷键【Ctrl+Z】，多次操作可以撤销多步。如果执行了误撤销操作，想要恢复以前的修改，可以按下快捷访问工具栏中的恢复操作按钮。需要注意的是，对于已经执行了保存命令的文档是无法进行恢复操作的。当按下【Insert】键后，再输入新的文本，则会删除当前光标后的字符，并将其替换为新输入的文本。

3) 移动文本

方法 1. 采用剪切粘贴的方法。

选中需要移动的文本后，右击，在快捷菜单中选择【剪切】命令，也可以使用快捷键【Ctrl+X】，然后将光标定位到需要移动到的位置执行【粘贴】命令，也可以使用快捷键【Ctrl+V】。

方法 2. 采用拖曳的方法。

选择要移动的文本后，按住鼠标左键拖拽到要放置文本的位置，然后松开鼠标即可实现文本的移动。

4) 定位、查找和替换文本

使用 Word 的查找功能可以很快地在文档中查找文本，使用替换功能则能快捷地将查找到的文本进行更改或批量修改，使用定位功能可以快速定位到文档中指定的位置。当文档较长时，Word 2016 中的查找、替换和定位功能可以减少很多烦琐的工作。

① 定位文本

● 使用鼠标定位文本

使用鼠标定位文档最简单的方法是使用滚动条。单击滚动条中的 ▲ 按钮，文档将向上移动一行；使用鼠标拖动滚动条可以使文档滚动到所需的位置；单击滚动条中的 ▼，文档将向下移动一行；单击【前一页】按钮 ✦，文档将向上移动一页；单击【下一页】按钮 ✦，文档将向下移动一页。

● 使用快捷键定位文本

使用快捷键定位文本非常方便，快捷键的使用如表 3-2 所示。

表 3-2 文本定位快捷键

快 捷 键	功 能	快 捷 键	功 能
←	左移一个字符	Ctrl+ ↑	上移一段
→	右移一个字符	Ctrl+ ↓	下移一段
Ctrl+ ←	左移一个单词	End	移至行尾
Ctrl+ →	右移一个单词	Home	移至行首
↑	上移一行	Page Up	从现在所在的屏上移一屏
↓	下移一行	Page Down	从现在所在的屏下移一屏

● 使用【转到】命令定位文本

使用【转到】命令可以直接跳转到指定的位置，操作方法：在【开始】选项卡【编辑】功能区中，单击查找按钮右侧的三角按钮 ，在弹出的下拉列表中选择【转到】命令，即可弹出【查找和替换】对话框，如图 3-7 所示。在【定位】选项卡的【定位目标】列表中选择定位的方式，并在右侧文本框中输入定位的位置，单击【定位】按钮即可。

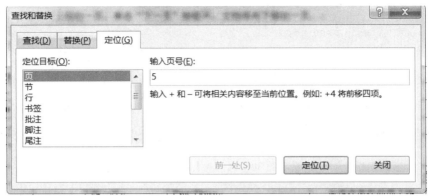

图 3-7 【查找和替换】对话框

② 查找文本

使用查找功能可以帮助用户快速地找到文档中指定的内容。如查找"活动通知.docx"文档中"比赛"信息，具体实现过程如下：

(1) 打开文档"教学资源\第 3 章\素材\活动通知.docx"，将光标首先定位到需要查找的开始位置。

(2) 在【开始】选项卡【编辑】功能区中单击【查找】按钮 🔍查找，在文档的左侧则会出现【导航】面板。在【搜索文档】文本框中输入要查找的文本，如"比赛"，文档中所有查找到的内容会以黄色底纹的形式突出显示。如图 3-8 所示。

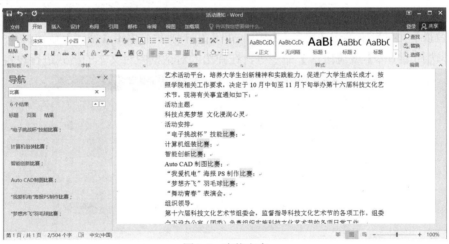

图 3-8 查找文本

③ 替换文本

替换功能可以帮助用户将查找到的文本进行更改，或批量修改相同的内容。如将"活动通知.docx"文档中"比赛"替换为"大赛"，具体实现过程如下：

(1) 打开文档"教学资源\第 3 章\素材\活动通知.docx"，将光标首先定位到需要查找的开始位置。

(2) 在【开始】选项卡【编辑】功能区中单击【替换】按钮 ᵃᵇ꜀替换，弹出【查找和替换】对话框，并自动切换到【替换】选项卡，如图 3-9 所示。

图 3-9　【替换】选项卡

(3) 在【查找内容】文本框中输入要查找的内容，如"比赛"，在【替换为】文本框中输入要替换的内容，如"大赛"，然后单击【全部替换】按钮，即可完成对查找区域的全部替换。替换完成后会弹出对话框，如图 3-10 所示，如果要继续从开始处搜索，单击【是】按钮，否则单击【否】按钮。

图 3-10　替换完成后对话框

(4) 如果要将查找或替换的文本设置为特殊的格式，或者查找或替换某些特殊的字符，在【查找和替换】对话框中单击【更多】按钮，如图 3-11 所示。单击【格式】按钮，在弹出的下拉列表中选择【字体】或【段落】命令等，在弹出的对话框中对文本的格式进行设置。

图 3-11　【查找和替换】对话框

3. 设置字体格式

如果一篇文档中的字体格式都一样，那么就不能突出内容的层级，通过字体格式的设置可以让文档的外观变得更加漂亮。

1) 设置字体、字号和字形

如将"活动通知.docx"文档中文字设置为如图 3-12 所示的效果，具体实现过程如下：

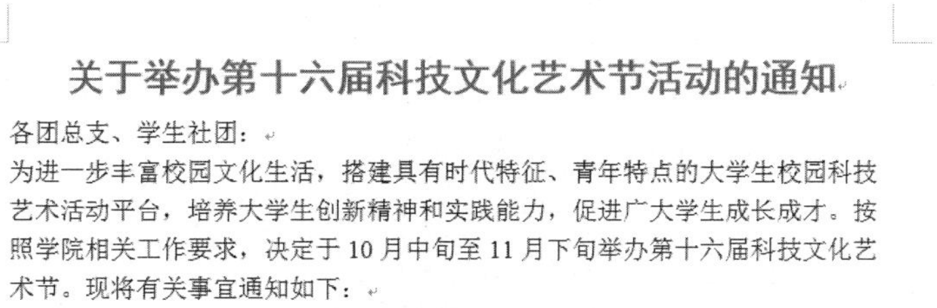

关于举办第十六届科技文化艺术节活动的通知

各团总支、学生社团：

为进一步丰富校园文化生活，搭建具有时代特征、青年特点的大学生校园科技艺术活动平台，培养大学生创新精神和实践能力，促进广大学生成长成才。按照学院相关工作要求，决定于 10 月中旬至 11 月下旬举办第十六届科技文化艺术节。现将有关事宜通知如下：

图 3-12　标题字体设置效果

在【开始】选项卡【字体】功能区中对"活动通知"的标题文字进行设置。步骤如下：

(1) 打开文档"教学资源\第 3 章\素材\活动通知.docx"。

(2) 选择文档的标题文本，在【开始】选项卡【字体】功能区中设置字体为"黑体"，字号为"小二"，并单击【加粗】按钮。

(3) 单击【字体颜色】按钮右侧的下拉箭头，可以在打开的颜色列表中选择颜色，本例中选择"蓝色，个性色 5，深色 25%"，如图 3-13 所示。

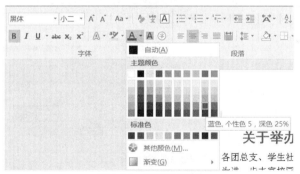

图 3-13　字体功能区

2) 设置文字效果

设置文字的效果就是更改文字的填充方式，例如给文字加边框、底纹、阴影、映像、发光等效果。通过给文字设置效果，可以使文字看起来更加美观。

① 边框和底纹

在用办公软件处理文字时，为了强调突出，需要将文字进行边框和底纹的处理。如将"活动通知.docx"文档中文字设置为如图 3-14 所示的效果，具体实现过程如下。

(1) 首先选中标题段文字，在【开始】选项卡【段落】功能区中单击下框线右侧的按钮，在弹出的下拉列表中选择【边框和底纹】命令，如图 3-15 所示，则会弹出【边框和底纹】对话框。

关于举办第十六届科技文化艺术节活动的通知

各团总支、学生社团：

为进一步丰富校园文化生活，搭建具有时代特征、青年特点的大学生校园科技艺术活动平台，培养大学生创新精神和实践能力，促进广大学生成长成才。按照学院相关工作要求，决定于 10 月中旬至 11 月下旬举办第十六届科技文化艺术节。现将有关事宜通知如下：

图 3-14　边框和底纹设置效果　　　　　　　　图 3-15　边框和底纹命令

(2) 要为所选文字添加 1.5 磅的蓝色方框，操作步骤：选择【边框】选项卡，在【边框类型】下拉列表中选择【方框】，在【样式】下拉列表中选择【单实线】，在【颜色】下拉列表中根据颜色提示选择【蓝色】，在宽度组中选择线宽为【1.5 磅】，并在【应用于】下拉列表中选择【文字】，如图 3-16 所示。

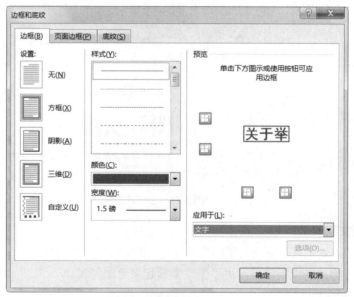

图 3-16　边框设置

(3) 要为所选文字添加黄色底纹，操作步骤：选择【底纹】选项卡，在【颜色】下拉列表中根据颜色提示选择【黄色】，并在【应用于】下拉列表中选择【文字】，如图 3-17 所示。

图 3-17　底纹设置

② 文字艺术效果

设置文字的艺术效果就是为文字添加阴影、映像、发光等效果，以使文字看起来更加美观、漂亮。

方法 1. 使用【开始】选项卡【字体】功能区中的【文字效果】按钮 进行设置。

如为"活动通知.docx"文档中的标题文字设置文字效果，具体实现过程如下：

(1) 首先选中需要添加艺术效果的标题段文字。

(2) 在【开始】选项卡【字体】功能区中单击【文字效果】按钮 。在弹出的下拉列表中可以选择一种艺术字效果，例如【紧密映像，接触】，如图 3-18 所示。

注释：

通过【文字效果】按钮 的下拉列表中的【轮廓】【阴影】【映像】和【发光】选项，用户可以为文字设置详细的艺术效果。例如为文字添加【右下斜偏移】阴影，如图 3-19 所示。

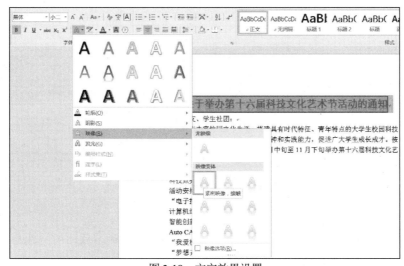

图 3-18　文字效果设置

图 3-19　阴影的设置

方法 2. 使用【字体】功能区的【文字效果】命令进行设置。

3) 设置字符间距

为了使标题段文本更加清晰，可以增加文本的字符间距。操作步骤：选择文档标题文本，右击，在快捷菜单中选择【字体】命令，在弹出的【字体】设置对话框中，选择【高级】选项卡。在【字符间距】选项组的【间距】下拉列表中选择字符间距的类型为【加宽】，并设置加宽的磅值为 1 磅，如图 3-20 所示。

图 3-20　字符间距的设置

注释：

在此对话框中，用户可以通过【缩放】下拉列表设置文字的缩放比例，通过【位置】下拉列表设置文本的显示位置，提升或降低。

4. 设置段落格式

段落是以段落标记 ↵ 符号进行区分的，每个段落可以设置自身的格式。设置段落的格式可以选中段落，也可以将光标置于段落中的任意位置。

1) 设置段落的对齐方式

方法 1. 使用【开始】选项卡【段落】功能区中的段落对齐按钮进行设置。

左对齐是指段落中的每一行都以页面的左边为参照对齐；居中对齐指是每一行距离页面左右两边的距离相同；右对齐是指每一行都以页面的右边为参照对齐；两端对齐是指每行的首位对齐，如果字数不够则保持左对齐；分散对齐和两端对齐相似，区别在于如果字数不够则通过增加字符间距的方式使所有行都保持首尾对齐，具体如图 3-21 所示。

图 3-21　段落和对齐设置按钮

方法 2. 使用【段落】对话框进行设置。

将光标定位到段落的任意位置。右击，在弹出的快捷菜单中选择【段落】命令，或在【开始】选项卡【段落】功能区中单击右下角的【段落设置】按钮 ，这两种方法都会弹出【段落】设置对话框。在【常规】选项组中的【对齐方式】下拉列表中进行选择，如图 3-22 所示。

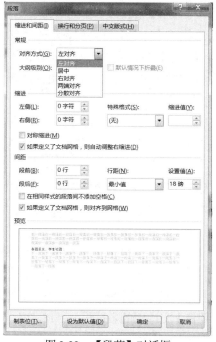

图 3-22　【段落】对话框

2) 设置段落缩进

段落缩进是指各段的左、右缩进，首行缩进及悬挂缩进。可以在【段落】对话框的【缩进】选项组中进行设置，如图 3-23 所示。

图 3-23　段落缩进

段落的左右缩进是指各段的左右边界相对于左右页边距的距离；首行缩进是指段落的第一行相对于段落的左边界的缩进距离；悬挂缩进是指第一行顶格显示，而其他各行进行缩进的距离。

3) 设置段落间距及行距

段落间距是指两个段落之间的距离，行距是指段落中行与行之间的距离。通过增加段落间距与行距可以使文本结构更加清晰。在【段落】面板的【间距】选项组中可以进行设置，如图 3-24 所示。

图 3-24　段落间距

段落间距的设置，可以单击【段前】和【段后】两个文本框右侧的上下微调按钮选择数值，也可以在文本框中直接输入设置值。【行距】下列列表中的"单倍行距""1.5 倍行距"和"2 倍行距"可以直接选中，单击【确定】按钮即可；如果要设置其他倍数的行距(如 1.25 倍)则可以选择"多倍行距"，在设置框文本框中输入 1.25，如图 3-25 所示。"最小值"和"固定值"的设置方法和"多倍行距"的设置方法类似。

图 3-25　多倍行距的设置

如将"活动通知.docx"文档中文字的段落设置为如图 3-26 所示的效果，具体实现过程如下：

(1) 选中正文前十六段文本后，右击，在弹出的快捷菜单中选择【段落】命令，弹出【段落】对话框。

(2) 选择【缩进】选项组【特殊格式】下拉列表中的"首行缩进"，并将【缩进值】设置为"2 字符"。

(3) 在间距选项组中，设置【段前】文本框为"0.5 行"，选择 【行距】下拉列表的"固定值"选项，并将其右边【设置值】文本框的数值设为"18 磅"，单击【确定】按钮，如图 3-27 所示。

图 3-26 段落设置效果

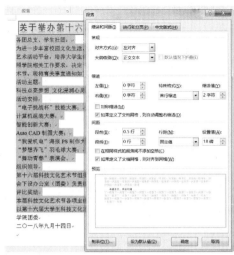

图 3-27 段落设置

(4) 选中正文最后两段文本后，右击，在打开的快捷菜单中选择【段落】命令，打开【段落】对话框。选择【常规】选项组中【对齐方式】下拉列表中的"右对齐"选项，单击【确定】按钮。如图 3-28 所示。

图 3-28 段落对齐的设置

(5) 单击【保存】按钮，或使用快捷键【Ctrl+S】，完成对"活动通知"文档的保存。

3.1.4 其他格式设置

1. 设置项目符号和编号

使用项目符号和编号可以使文档条理清晰并突出重点，项目符号是一种平行排列标志，编号则能表示出先后顺序，因此在 Word 中经常使用。下面介绍项目符号和编号的使用方法。

1) 添加编号

打开文档"教学资源\第 3 章\素材\活动通知.docx"。先选中需要设置编号的文本，如图 3-29 所示。在【开始】选项卡【段落】功能区中单击【编号】按钮，在弹出的下拉列表中可以选择编号的样式，如图 3-30 所示。如果要对文章的编号进行设置，则单击【编号】按钮下的【定义新编号格式】命令。在弹出的对话框中可以对编号的字体、对齐方式等进行设置。

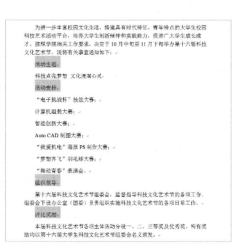

图 3-29　选择文本

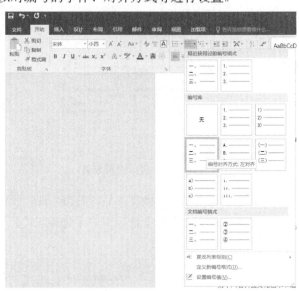

图 3-30　设置编号

2) 添加项目符号

选中需要设置项目符号的文本，在【开始】选项卡【段落】功能区中单击【项目符号】按钮，在弹出的下拉列表中可以选择项目符号的样式，如图 3-31 所示。

图 3-31　设置项目符号

2. 首字下沉

首字下沉就是指段落开始的第一个字或几个字放大显示，并且可以选择下沉或悬挂的显示方式。首字下沉通常位于文档的开始处，在报纸和杂志等出版物中经常使用。把段落的第一个字进行首字下沉的设置，可以很好地凸显出段落的位置和整个段落的重要性，起到引人入胜的效果。

如将"桃花源记.docx"文档中文字设置为如图 3-32 所示的效果，具体实现过程如下：

图 3-32　首字下沉效果

(1) 打开文档"教学资源\第 3 章\素材\桃花源记.docx"。将光标定位到要设置首字下沉的段落的任意位置。

(2) 在【插入】选项卡【文本】功能区中单击【首字下沉】按钮，在弹出的下拉列表中选择一种首字下沉的方式，或单击【首字下沉选项】，如图 3-33 所示。

图 3-33　首字下沉命令

(3) 单击【首字下沉选项】则会弹出【首字下沉选项】对话框，用户可以对首字下沉的位置进行详细的设置。在【位置】选项组中，选择"下沉"选项。在【选项】选项组中，选择【字体】下拉列表中的"隶书"，设置【下沉行数】文本框的值为 2，设置【距正文】文本框的值为"0.2 厘米"，单击【确定】按钮，如图 3-34 所示。

图 3-34　【首字下沉】对话框

3. 分栏

利用分栏功能可以将文章的版面分成多栏显示，这样可以更便于阅读并且更加生动，在报纸和杂志的排版中经常使用。如将"桃花源记.docx"文档中文字设置为如图 3-35 所示的效果，具体实现过程如下：

(1) 打开文档"教学资源\第 3 章\素材\桃花源记 docx"。首先选中需要设置分栏效果的段落。

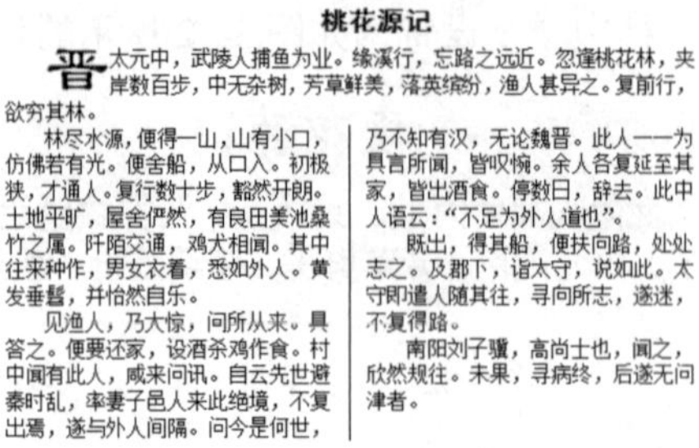

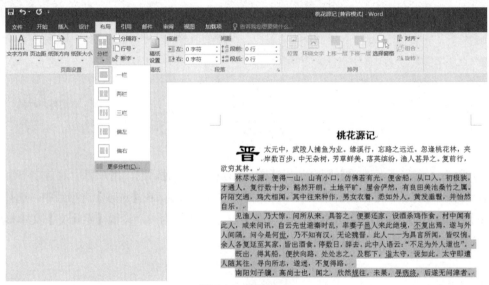

图 3-35　分栏设置的效果

(2) 在【布局】选项卡【页面设置】功能区中单击【分栏】按钮，在弹出的下拉列表中可以选择分栏的方式："一栏""二栏""三栏""偏左""偏右"和"更多分栏"选项，如图 3-36 所示。

图 3-36　分栏命令

(3) 选择【更多分栏】选项，会打开【分栏】对话框，用户可以对分栏效果进行详细的设置。例如在【预设】选项组中选择【两栏】，勾选【分隔线】复选框使两栏间添加分隔线，如图 3-37 所示。

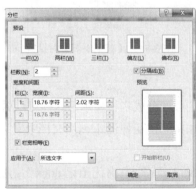

图 3-37　【分栏】对话框

4. 设置页眉页脚

通过页眉页脚可以添加一些文档的提示信息。页眉一般位于文档的顶部，通常可以添加文档的注释信息，如公司名称、文档标题、文件名或作者名等信息；页脚一般用于文档的底部，通常可以添加日期、页码等信息。

1) 插入页眉页脚

页眉和页脚的插入方法类似，下面以插入页眉为例进行介绍。

在【插入】选项卡【页眉和页脚】功能区中单击【页眉】按钮，在弹出的下拉列表中选择所需要的页眉类型，如图 3-38 所示。

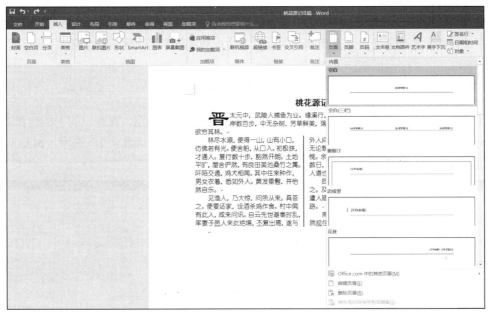

图 3-38　插入页眉

插入页眉后，页面将显示虚线的页眉编辑区，可以在其中输入文字、图片或符号等，如图 3-39 所示。

图 3-39　页眉编辑区

2) 设置页眉和页脚

用户可以对已插入的页眉页脚进行编辑，首先要在页眉或页脚处进行双击，进入页眉页脚的编辑状态，在出现的【页眉和页脚工具-设计】功能标签中进行设置，如图 3-40 所示。

图 3-40　设置页眉页脚格式

如果要在页眉或页脚中插入图片，则可以打开【页眉和页脚工具-设计】功能标签，单击【图片】按钮。则会弹出【插入图片】对话框，从中可以选择本地磁盘中的图片插入到页眉或页脚中。

3) 删除页眉和页脚

进入页眉页脚的编辑状态后，选中页眉或页脚的文本，按删除键即可完成对页眉文字的删除。在【开始】选项卡【段落】功能区中设置【边框和底纹】为"无框线"即可完成页眉横线的删除。

4) 插入页码

在【插入】选项卡【页眉和页脚】功能区中单击【页码】按钮，在弹出的下拉列表中可以选择页码的位置及样式。例如选择【页面底端】选项组下的"普通数字 2"选项，如图 3-41 所示。这样就可以在页面底端的居中位置插入页码。

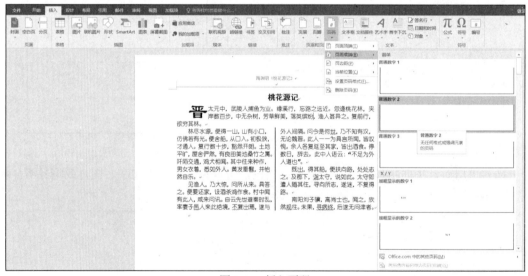

图 3-41　插入页码

5) 设置页码格式

如果要对页码的格式进行修改，则在【页眉和页脚工具-设计】选项卡中，单击【设置页码格式】按钮，如图 3-42 所示。在弹出的【页码格式】对话框中设置页码的格式，如图 3-43 所示。在【编号格式】下拉列表中可以选择编号的格式，在【页码编号】选项组中可以选择"续前节"或"起始页码"。例如设置页码格式为罗马数字，起始页码为Ⅲ。

图 3-42　设置页码格式

图 3-43　页码格式对话框

5. 使用分隔符

Word 2016 中的分隔符有分页符和分节符两大类。分页符主要用于分页，作用仅为分页，插入分页符前后还是同一节；分节符主要用于章节的分割，不同章节可以处于同一页中，也可以在分节的同时另起一页。分隔符的插入方法如下：在【布局】选项卡【页面设置】功能区中单击【分隔符】按钮，选择需要的分隔符类型后，单击即可，如图 3-44 所示。

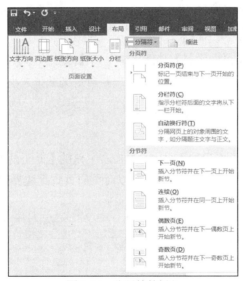
图 3-44　分隔符的插入

3.1.5　文档的页面设置和打印

在文章进行打印之前必须要对页面进行设置，可以使用默认的格式，也可以根据需要进行设置。页面设置主要包括纸张大小、页边距等。

1. 页面设置

1) 设置页边距

页边距是指页面的上、下、左、右的边距以及页眉和页脚距离页边界的距离，页边距如果设置得太宽，则会影响美观并且浪费纸张，如果设置太窄则会影响装订。设置页边距的操作步骤：在【布局】选项卡的【页面设置】功能区中单击【页边距】按钮，在弹出的下拉列表中可以选择一种页边距的样式，如图 3-45 所示。单击【自定义页边距】命令则会弹出【页面设置】对话框，如图 3-46 所示。用户可以按定制的方式设置页边距。

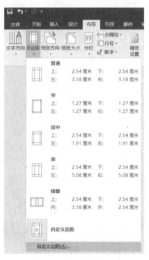

图 3-45　页边距命令

图 3-46　【页面设置】对话框

2) 设置纸张

在【布局】选项卡的【页面设置】功能区中单击【纸张大小】按钮，在弹出的下拉列表中选择一种纸张的尺寸，如图 3-47 所示。如果用户要自定义纸张大小，则单击【其他纸张大小】命令，在弹出的【页面设置】对话框中进行设置。

3) 设置版式

在【布局】选项卡的【页面设置】组中，单击右下角的【页面设置】按钮，在弹出的【页面设置】对话框中，选择【版式】选项卡。可以对页眉页脚距边界的距离以及页面的垂直对齐方式进行修改，如图 3-48 所示。

图 3-47　纸张大小的设置

图 3-48　版式的设置

2. 水印设置

为页面添加水印效果的操作步骤：在【设计】选项卡的【页面背景】功能区中单击【水印】按钮，在弹出的下拉列表中可以选择水印的样式，如图 3-49 所示。

图 3-49　水印设置

用户如果单击【自定义水印】按钮，则会弹出【水印】对话框。选择【图片水印】单选项可以添加图片水印；选择【文字水印】单选项可以添加文字水印，可以选择样本文字，也可以自己输入文字，并设置字体样式。

3. 打印文档

在打印文档之前需要进行打印设置，如页面设置、份数设置、页面范围及纸张大小等。执行【文件】菜单下的【打印】命令，可以打开【打印】设置面板，如图 3-50 所示。左边为打印设置，右边为打印预览效果。

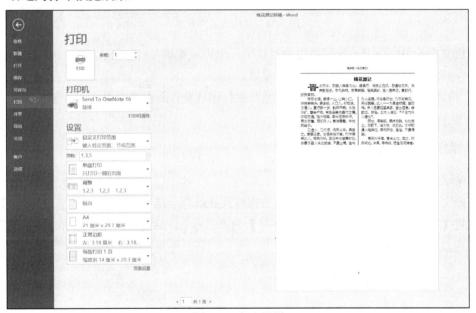

图 3-50　打印设置

在【份数】文本框中可以输入要打印的份数，在【页数】文本框中输入要打印的文档的页数，如果要指定打印的页数，中间可以用逗号分隔。

3.1.6　案例 1 制作“大数据时代”文档

为了加深读者对文字、段落格式设置，以及页眉的设置方法的理解和运用，本小节通过案例的形式完成一份文档的排版。

1. 需求分析

本案例需要制作一份介绍大数据时代的文档。要求标题醒目，内容简洁，具体如图 3-51 所示。

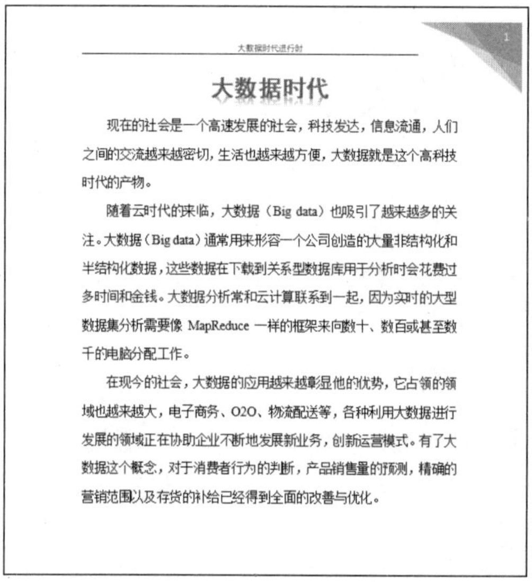

大数据时代进行时

1

大数据时代

现在的社会是一个高速发展的社会，科技发达，信息流通，人们之间的交流越来越密切，生活也越来越方便，大数据就是这个高科技时代的产物。

随着云时代的来临，大数据（Big data）也吸引了越来越多的关注。大数据（Big data）通常用来形容一个公司创造的大量非结构化和半结构化数据，这些数据在下载到关系型数据库用于分析时会花费过多时间和金钱。大数据分析常和云计算联系到一起，因为实时的大型数据集分析需要像 MapReduce 一样的框架来向数十、数百或甚至数千的电脑分配工作。

在现今的社会，大数据的应用越来越彰显他的优势，它占领的领域也越来越大，电子商务、O2O、物流配送等，各种利用大数据进行发展的领域正在协助企业不断地发展新业务，创新运营模式。有了大数据这个概念，对于消费者行为的判断，产品销售量的预测，精确的营销范围以及存货的补给已经得到全面的改善与优化。

图 3-51　文档的最终效果

分析文档的最终效果，发现可以通过以下几个方面实现：

- 标题部分：进行字体及艺术效果设置。
- 内容部分：中文和西文的字体设置，首行缩进及行距段落设置。
- 页面效果：添加页眉。

2. 操作步骤

1) 标题字体设置

打开文档“教学资源\第 3 章\素材\大数据时代.docx”。选中标题文本后，在【开始】选项卡中设置【字体】为“微软雅黑”，【字号】为“二号”，启用【加粗】按钮，并设置【字体颜色】为蓝色，如图 3-52 所示。

图 3-52 标题的设置

2) 标题添加艺术效果

选中标题文本，在【开始】选项卡的【字体】功能区中单击【文本效果】按钮，为标题文本添加"紧密映像，接触"的映像效果，如图 3-53 所示。

图 3-53 标题艺术效果设置

3) 调整标题字符间距及渐变填充效果

选中标题文本，右击，在快捷菜单中选择【字体】命令，在弹出的【字体】对话框中单击【高级】选项卡，设置字符间距为"加宽，5 磅"。

4) 正文部分格式设置

选中正文部分，右击，在快捷菜单中选择【字体】命令，在弹出的【字体】对话框选择【字体】选项卡，设置中文字体为"宋体"，西文字体为"Times New Roman"，字号为"四号"。如图 3-54 所示。

选中正文部分，右击，在快捷菜单中选择【段落】命令，在弹出的【段落】对话框选择【缩进和间距】选项卡，设置首行缩进为"2 字符"，行距为"固定值，20 磅"，如图 3-55 所示。

图 3-54　正文字体的设置　　　　　　　图 3-55　正文段落的设置

5) 页眉设置

在【插入】选项卡的【页眉和页脚】功能区中单击【页眉】按钮，在下拉列表中选择【平面(奇数页)】型页眉，并在页眉中输入文本。插入页眉后效果如图 3-56 所示。

图 3-56　页眉的设置

6) 保存文档

执行【文件】菜单下的保存命令，或按快捷键【Ctrl+S】，文档名称为"大数据时代"，文件类型为"Word 文档(*.docx)"，保存文档。

3.2　图文操作

Word 2016 除了有强大的文字处理功能外，还具有强大的图文处理能力，我们可以对图像或图形进行插入、缩放、修改操作，也可以实现图像和文本的图文混排。给文档添加图像可以使文档更加生动美观，实现图文并茂的效果。

3.2.1　文本框的插入与编辑

文本框是一种图形对象，一般用于放置文本。文本框可以放置在页面中的任意位置，根据用户的需要可以调整文本框的大小和样式。

1. 插入文本框

插入文本框的操作步骤：在【插入】选项卡的【文本】功能区中单击【文本框】按钮，在弹出的下拉列表中选择【绘制文本框】命令，如图 3-57 所示。此时光标变为十字形状，通过拖动鼠标可以完成文本框的绘制。

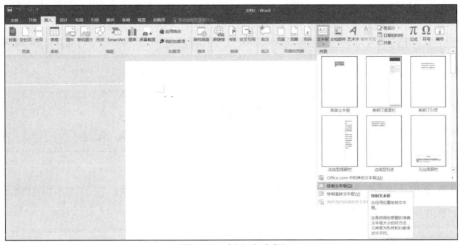

图 3-57　插入文本框

2. 编辑文本框

首先将光标移动到文本框的边缘，当光标变为 ✛ 形状时即可选中文本框。

文本框填充设置操作步骤：在【绘图工具-格式】选项卡的【形状样式】功能区中单击【形状填充】按钮，在弹出的下拉列表中选择文本框的填充颜色，如图 3-58 所示。

文本框文本对齐设置操作步骤：在【绘图工具-格式】选项卡的【文本】功能区中单击【对齐文本】按钮，在弹出的下拉列表中可以设置文本框内文本的垂直对齐方式，如图 3-59 所示。水平对齐方式可以在【开始】选项卡的【段落】功能区中进行设置。

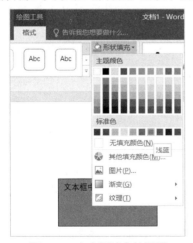

图 3-58　文本框填充的设置

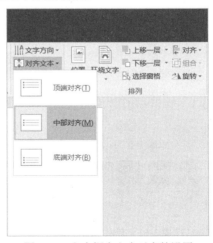

图 3-59　文本框中文本对齐的设置

3.2.2 艺术字的插入与编辑

艺术字在 Word 中的应用极为广泛，它是一种具有特殊效果的文字，比一般的文字更具美感。因此，在编辑排版文章的时候，往往需要使用到艺术字来实现某种特殊效果。

1. 插入艺术字

在文档中插入艺术字的操作步骤：在【插入】选项卡的【文本】功能区中单击【艺术字】按钮，在弹出的下拉列表中选择一种艺术字样式，如图 3-60 所示。

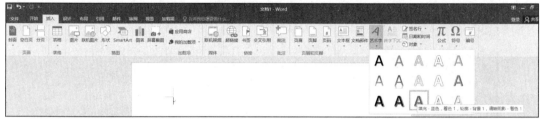

图 3-60 艺术字的插入

此时在文档中会出现有"请在此放置您的文字"字样的文本框，在该文本框中输入艺术字的内容。例如输入"大数据时代"，效果如图 3-61 所示。

2. 编辑艺术字

对于已经插入的艺术字，用户可以根据需要修改艺术字的样式，编辑艺术字的操作步骤：首先选中需要编辑的艺术字，在【绘图工具-格式】选项卡的【艺术字样式】功能区中单击【文本效果】按钮，在弹出的下拉列表中选择需要修改的选项，例如选择【转换】选项中的"上弯弧"效果，如图 3-62 所示。

图 3-61 艺术字的效果　　　　　　　　　图 3-62　艺术字的编辑

3.2.3　图片、联机图片、形状的插入与编辑

Word 2016 中可以插入各种图片，如 Office 自带的剪贴画、计算机中保存的图片，以及各种工具绘制的形状等。

1. 插入与编辑图片

插入图片的操作步骤：打开文档"教学资源\第 3 章\素材\大数据时代.docx"，将光标定位到正文第二段的开始处，在【插入】选项卡的【插图】功能区中单击【图片】按钮，在弹出的【插入图片】对话框中找到"教学资源\第 3 章\素材\大数据.jpg"，单击【插入】按钮，如图 3-63 所示。

图 3-63　图片的插入

图片的编辑包括以下几个方面：

① 调整图片环绕方式。操作步骤：双击选中需要设置环绕方式的图片，在【图片工具-格式】选项卡的【排列】功能区中中单击【环绕文字】按钮，在弹出的下拉列表中选择一种文本的环绕方式，例如选择【四周型】选项，如图 3-64 所示。此时图片的四周将被文字环绕，可以使用鼠标拖拽或者方向键来对图片的位置进行调整。

② 调整图片大小。选中需要设置调整大小的图片，这时图片的周围会出现 8 个控制点，将光标移动到控制点上，当光标变为双箭头时，按下鼠标左键拖动即可完成图片大小的调整。

③ 裁切图片。双击选中需要进行裁切的图片，在【图片工具-格式】选项卡的【排列】功能区中单击【裁剪】按钮，此时图片的周围将会出现裁切定界框，然后将光标移动到选中图片的控制点上，单击鼠标左键进行拖动即可完成图片的裁切，如图 3-65 所示。

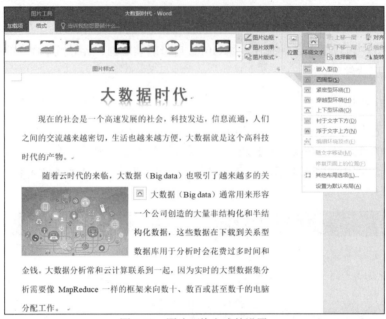

图 3-64　图片环绕方式的设置

图 3-65　图片的裁剪

2. 插入联机图片

Word 2016 中可以插入网络中的图片，即联机图片。使用插入联机图片功能，可以方便地插入互联网上面的图片，就不用先下载到本地，再插入到 Word 文档中，极大地方便了我们的工作。

插入联机图片的操作步骤：在【插入】选项卡【插图】功能区中单击【联机图片】按钮，则会弹出【插入图片】对话框。可以搜索网络中的图片，并插入到 Word 文档中，输入要搜索的内容，然后单击【搜索】按钮，如图 3-66 所示。

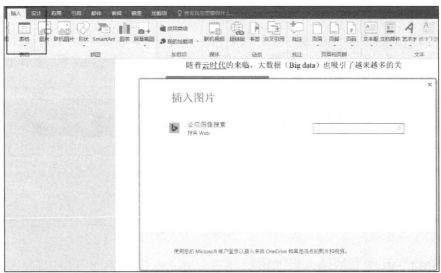

图 3-66　插入联机图片

3. 插入与编辑形状

插入形状的操作步骤：在【插入】选项卡的【插图】功能区中单击【形状】按钮，在弹出的下拉列表中选择一种形状，拖动鼠标即可绘制出形状，如图 3-67 所示。

形状的编辑包括以下几个方面：

① 调整形状的填充和轮廓。操作步骤：首先选中需要调整填充和轮廓的形状，在【绘图工具-格式】选项卡的【形状样式】功能区中单击【形状填充】按钮，在弹出的下拉列表中可以选择相应的颜色类型进行填充；单击【形状轮廓】按钮，可以设置形状外边框的类型、粗细、颜色和图案，如图 3-68 所示。

图 3-67　形状的插入

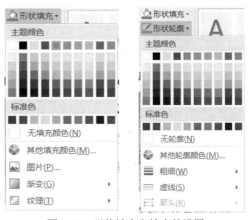

图 3-68　形状填充和轮廓的设置

② 调整形状的叠放次序。首先选中需要调整叠放次序的形状，在【绘图工具-格式】选项卡的【排列】功能区中单击【上移一层】或【下移一层】按钮可以对形状的位置进行调整，如果要使所选形状位于最下方，则可以单击【下移一层】按钮右侧的下拉箭头，在弹出的下拉列表中选择【置于底层】命令，如图 3-69 所示。

图 3-69　形状叠放次序的设置

3.2.4　SmartArt 图形的插入与编辑

SmartArt 是一项图形功能，具有功能强大、类型丰富、效果生动的优点。在需要使用插图和图形图像来表达内容时，如组织结构图、业务流程图等，就可以使用 SmartArt 图形进行绘制。

下面通过制作公司组织结构图来说明 SmartArt 图形的用法。

(1) 在【插入】选项卡的【插图】功能区中单击【插入 SmartArt 图形】按钮。

(2) 单击选项组中的【层次结构】按钮，并选择【标记的层次结构】，如图 3-70 所示，单击【确定】按钮。

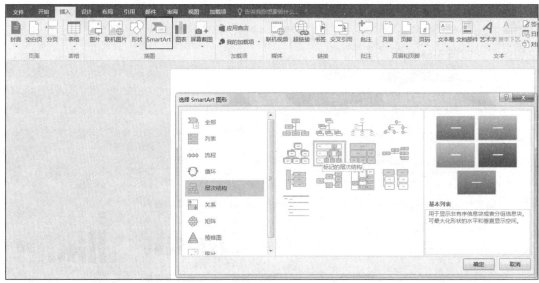

图 3-70　插入 SmartArt 图形

(3) 在【SmartArt 工具-设计】选项卡中添加形状增加层级，并添加文字进行编辑，如图 3-71 所示。

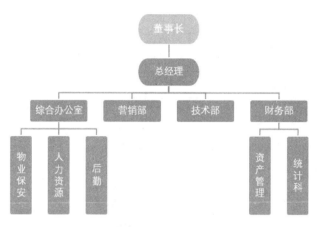

图 3-71　组织结构图

3.2.5　案例 2 制作"编辑部纳新"海报

为了加深读者对文本框、艺术字及形状的插入与编辑方法的理解和运用，本小节通过案例的形式完成一份编辑部社团纳新的宣传文档。

1. 需求分析

本案例需要制作一份编辑部社团纳新的宣传文档。要求标题醒目，内容模块化，如图 3-72 所示。

图 3-72　文档的最终效果

分析文档的最终效果，发现可以通过以下三部分实现：

- 标题部分：进行字体及艺术效果设置。
- 内容部分：采用文本框进行模块式的编排。
- 页面效果：添加图片及形状使文档更加醒目。

2. 操作步骤

(1) 页面设置：在【布局】选项卡中，将【页面设置】功能区中的【纸张大小】设置为"A4"，【纸张方向】设置为"横向"，【页边距】的上下为"0.43 厘米"，左右为"0.51 厘米"。页面背景设置为图片"教学资源\第 3 章\素材\背景.jpg"。

(2) 插入图片并设置格式：插入图片"教学资源\第 3 章\人物.jpg"，并设置环绕方式为【四周型】。

(3) 插入形状并设置格式：插入形状，如图 3-73 所示。

图 3-73　插入形状

(4) 插入文本框并设置格式。
(5) 保存文档。

3.3　表格

文档有时包含许多数据，使用表格可以清晰地表现数据，并且可以对数据进行排序、计算等。同时 Word 2016 提供了大量精美的表格样式，可以使表格更加专业化。

3.3.1　添加表格

1. 插入表格

方法 1. 采用选择行数和列数的方法。

在【插入】选项卡的【表格】功能区中单击【表格】按钮，在弹出的【插入表格】菜单中直接选择行数和列数，如图 3-74 所示。

方法 2. 采用对话框进行设置的方法。

在【插入】选项卡的【表格】功能区中单击【表格】按钮，在弹出的【插入表格】菜单中选择【插入表格】命令，在弹出的【插入表格】对话框中设置行数和列数，如图 3-75 所示。

图 3-74　插入表格　　　　　　　图 3-75　【插入表格】对话框

2. 绘制表格

对于复杂的表格可以通过绘制表格的方法来实现。操作步骤：在【插入】选项卡的【表格】功能区中单击【表格】按钮，在弹出的【插入表格】菜单中选择【绘制表格】命令，此时光标将会变为铅笔形状，按住鼠标左键不放在文档中进行拖动，即可绘制出表格的外围边框。绘制行或列则在需要绘制行或列的位置，按住鼠标左键拖动即可。

3. 文本与表格的相互转换

在 Word 中可以实现文本与表格的相互转换。

文本转换为表格的操作步骤：打开素材文件"教学资源\第 3 章\素材\课程表.docx"，选中需要转换为表格的文本，然后在【插入】选项卡的【表格】功能区中单击【表格】按钮，在弹出的【插入表格】菜单中选择【文本转换为表格】命令，如图 3-76 所示，则会弹出【将文本转换为表格】对话框。单击【确定】按钮，即可将所选文字转换为表格。

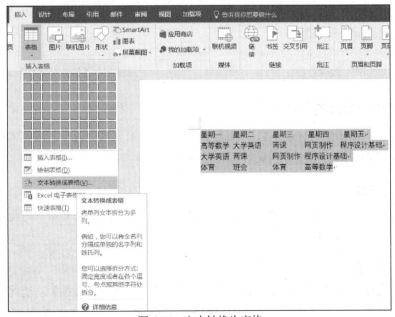

图 3-76　文本转换为表格

表格转换为文本的操作步骤：首先选中需要转换为文本的表格，然后在【表格工具-布局】选项卡的【数据】功能区中单击【转换为文本】按钮，则会弹出【表格转换成文本】对话框。选择文字分隔符，单击【确定】按钮即可。

3.3.2 调整表格

1. 插入/删除行与列

在使用表格时经常会遇到行数或列数不够用或多余的情况，Word 2016 中提供了多种插入行的方法。

方法 1. 在选项卡中设置。

首先将光标定位到要插入行的任意一个单元格，在【表格工具-布局】选项卡的【行和列】功能区中单击【在下方插入行】按钮，即可在当前光标下插入一行。

方法 2. 采用快捷菜单设置

首先将光标定位到要插入行的任意一个单元格，右击，在弹出的快捷菜单中选择【插入】命令，在子菜单中选择【在下方插入行】命令，即可在当前光标下插入一行。

删除行与列的方法与插入行与列类似，首先将光标定位到要删除行的任意一个单元格，在【表格工具-布局】选项卡的【行和列】功能区中单击【删除】按钮，在弹出的菜单中选择【删除行】命令，如图 3-77 所示。或右击，在快捷菜单中选择【删除单元格】命令，在弹出的【删除单元格】对话框中选择【删除整行】命令，如图 3-78 所示。

图 3-77　删除行命令

图 3-78　【删除单元格】对话框

2. 合并和拆分单元格

有时需要将表格中的一行或者几个单元格合并为一个单元格，也可能需要将一个单元格拆分为多个等宽的单元格，下面介绍如何合并和拆分单元格。

1) 合并单元格

选中需要合并的单元格，右击，在快捷菜单中选择【合并单元格】命令，即可将所选的单元格合并为一个单元格，如图 3-79 所示。

2) 拆分单元格

首先选中需要拆分的单元格，在【表格工具-布局】选项卡的【合并】功能区中单击【拆分单元格】命令，在弹出的【拆分单元格】对话框中，设置需要拆分的行数和列数。如图 3-80 所示。

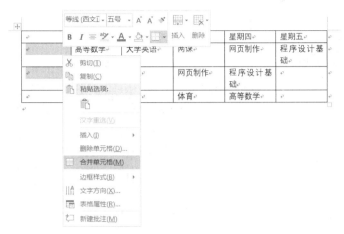 

图 3-79　【合并单元格】命令　　　　　图 3-80　【拆分单元格】对话框

3. 设置行高与列宽

用户可以对表格的行高与列宽进行调整，Word 2016 提供了以下 4 种方法。

方法 1. 采用鼠标手动操作。

将鼠标移动到需要调整列宽的边框上，按住鼠标左键拖拽，此时会显示一条虚线指定新的列宽位置。

方法 2. 在选项卡中设置。

首先选中需要修改列宽的列，在【表格工具-布局】选项卡的【单元格大小】功能区中设置新的列宽值，这里调节列的宽度为"3 厘米"，如图 3-81 所示。

图 3-81　在【单元格大小】功能区中设置列宽

方法 3. 采用【表格属性】对话框设置。

首先选中需要修改列宽的列，右击，在弹出的快捷菜单中选择【表格属性】命令，选中【行】选项卡，在【指定高度】文本框中输入数值，这里调节行的高度为"2 厘米"，如图 3-82 所示。

方法 4. 采用自动调节功能设置。

首先选中整个表格，在【表格工具-布局】选项卡的【单元格大小】功能区中单击【自动调整】按钮，在弹出的下拉列表中选择【根据内容自动调整表格】命令，如图 3-83 所示。

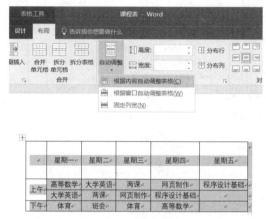

图 3-82　【表格属性】对话框　　　　　图 3-83　【根据内容自动调整表格】命令

4. 表格与单元格的对齐方式

设置表格的对齐方式可以使用【表格属性】对话框。操作步骤：首先选中整个表格，右击，在弹出的快捷菜单中选择【表格属性】命令，选中【表格】选项卡，用户可以对表格的对齐方式和文字环绕方式进行设置，如图 3-84 所示。

图 3-84　【表格属性】对话框

设置单元格的对齐方式。操作步骤：首先选中需要设置对齐方式的单元格，在【表格工具-布局】选项卡的【对齐方式】功能区中选择一种单元格的对齐方式，如图 3-85 所示。

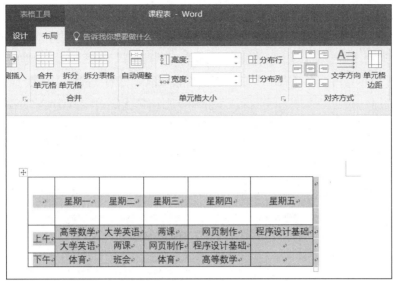

图 3-85 单元格对齐方式

5. 设置表格样式

表格的样式设置包括边框的样式、底纹的样式等。表格样式的设置直接影响着表格的美观程度。

1) 边框和底纹的设置

选中表格后，右击，在弹出的快捷菜单中选择【表格属性】命令，在弹出的【表格属性】对话框中单击【边框和底纹】按钮，在弹出的【边框和底纹】对话框中选择【方框】选项用来设置表格外边框的样式，在【样式】列表框中选择"单实线"线型，在【颜色】列表框中选择"蓝色"，在【宽度】列表框中选择"3.0 磅"，如图 3-86 所示。

选择【边框和底纹】对话框中的【自定义】选项，在【样式】列表框中选择"单实线"线型，在【颜色】列表框中选择"蓝色"，在【宽度】列表框中选择"1.0 磅"，在【预览】框中的内部单击，可以继续为表格设置内边框，单击【确定】按钮，如图 3-87 所示。

图 3-86 设置表格外边框

图 3-87 设置表格内边框

如果要设置某一部分单元格的边框，则要选中部分单元格。例如，要将课程表第一行的下框线设置为"3磅蓝色单实线"，则需选中表格第一行，在【边框和底纹】对话框中，选择【边框】选项卡，选择【自定义】选项，设置【宽度】为"3.0磅"，在【预览】框中的底部单击即可，如图 3-88 所示。再选择【底纹】选项卡，设置底纹颜色为"白色，背景 1，深色 5%"。

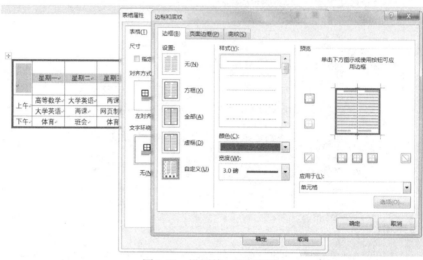

图 3-88　设置第一行下框线

2) 表格自动套用格式

Word 2016 提供了多种预置的表格样式，可以快速地对表格样式进行设置。操作步骤：选中表格后，在【表格工具-设计】选项卡的【表格样式】功能区中选择一种样式，例如"网格表 4-着色 1"。如图 3-89 所示。

图 3-89　表格自动套用格式

3.3.3　数据操作

1. 数据计算

在表格中可以对数据直接进行计算。例如对成绩表中的"总分"列及"平均分"列进行计算，操作步骤：打开文档"教学资源\第 3 章\素材\成绩表.docx"。将光标定位到"总分"列的单元格内，在【表格工具-布局】选项卡的【数据】功能区中单击【公式】按钮fx，在弹出的【公式】对话框中，默认的函数为 SUM(LEFT)，表示该单元格的值等于左边单元格内数值的总和，如图 3-90 所示，单击【确定】即可得到学生各门功课的总分情况。

图 3-90　求和公式

将光标定位到"平均分"列的单元格内，在【表格工具-布局】选项卡的【数据】功能区中单击【公式】按钮fx，在弹出的【公式】对话框中，将原有的函数删除后，在【粘贴函数】下拉列表中选择 AVERAGE 函数，如图 3-91 所示。并在函数参数中输入 left，如图 3-92 所示。单击【确定】即可得到学生的平均分。

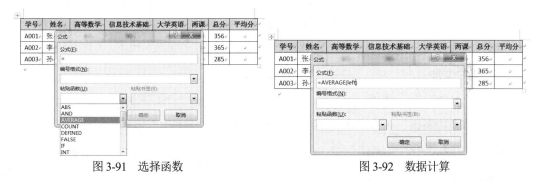

图 3-91　选择函数　　　　　　　　　图 3-92　数据计算

2. 数据排序

在表格中，可以对单元格中的数据进行排序。例如对成绩表中的"平均分"列进行降序排序，操作步骤：首先选中标题行以外的数据行，在【表格工具-布局】选项卡的【数据】功能区中单击【排序】按钮，在弹出的"排序"对话框中，在【主要关键字】的下拉列表中选择"列8"，选择排序方式为【降序】，如图 3-93 所示。

3.3.4　案例 3　制作"个人简历"

个人简历是求职者给招聘单位发的一份简要介绍，应届毕业生的个人简历一般包括以下几个方面：个人资料、学业有关内容、本人经历、所获荣誉、本人特长等。利用 Word 可以方便地制作个人简历。最终效果如图 3-94 所示。

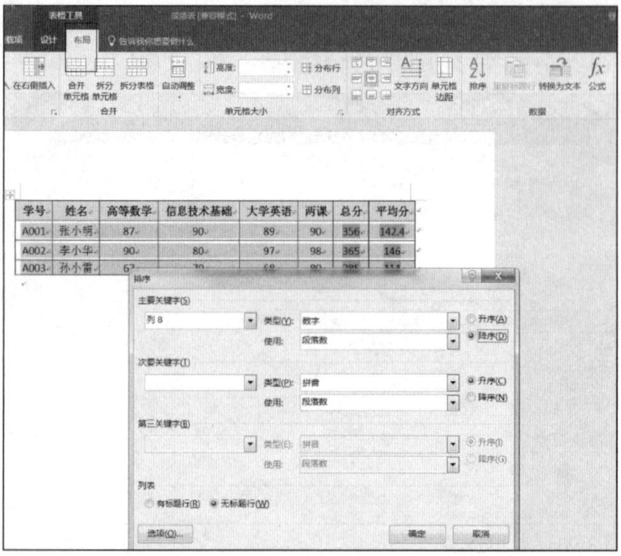

图 3-93　数据排序

图 3-94　"个人简历"的最终效果

3.4　综合案例1　制作"计算机文化节宣传海报"

前面我们已经学习了 Word 的基本编辑与排版、图形与表格的制作等，下面通过制作"计算机文化节宣传海报"案例，进一步掌握文字、图形与表格混排制作技术。

1. 字体的添加

系统自带的常见字体较少，下面介绍如何添加其他字体。复制 "教学资源\第 3 章\素材\计算机文化节宣传海报"中的"叶根友毛笔行书.ttf"和"方正大黑简体.ttf"文件，将其粘贴到【控制面板\字体】中即可。这样新建 Word 文件后即可看到新安装的字体。

2. 背景设置

在【布局】选项卡的【页面设置】功能区中单击【页边距】按钮，在弹出的下拉列表中选择【自定义边距】命令，在打开的【页面设置】对话框中，设置上下左右的【页边距】均为"0.5厘米"，【纸张方向】为"纵向"，【纸张大小】为"A4"。

在【设计】选项卡的【页面背景】功能区中单击【页面颜色】按钮，在弹出的下拉列表中选择【填充效果】命令，在弹出的【填充效果】对话框中设置【背景纹理】为"蓝色面巾纸"。

在【设计】选项卡的【页面背景】功能区中单击【页面边框】按钮，在弹出的【边框和底纹】对话框中，选择【边框类型】为"方框"，【样式】选择"三线边框"，【边框颜色】为"蓝色，个性色1，深色25%"，【宽度】为"4.5磅"。边框设置参数及效果如图 3-95 所示。

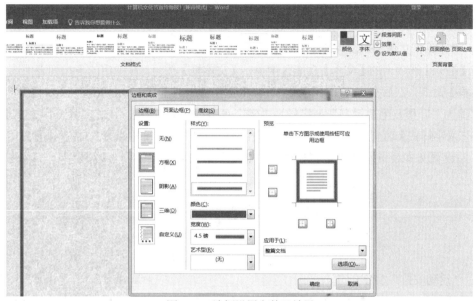

图 3-95　边框设置参数及效果

3. 图片设置

(1) 插入图片：在【插入】选项卡的【插图】功能区中单击【图片】按钮，选择 "教学资源\第 3 章\素材\计算机文化节宣传海报\电脑.jpg" 图片。

(2) 设置图片环绕方式：在【图片工具-格式】选项卡的【排列】功能区中单击【环绕文字】按钮，在弹出的下拉列表中选择 "浮于文字上方"。

(3) 裁切图片：在【图片工具-格式】选项卡的【大小】功能区中单击【裁切】按钮，将图片上方的文字去除。

(4) 去除背景白色：在【图片工具-格式】选项卡的【调整】功能区中单击【颜色】按钮，在弹出的下拉列表中选择 "设置透明色"，此时光标形状将发生改变，在图片的白色区域单击，即可去除图片背景中的白色。

(5) 最后适当调整图片的大小及位置，得到如图 3-96 所示的效果。

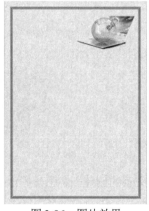

图 3-96　图片效果

4. 文字设计

1) "计算机文化节"文字创建

在【插入】选项卡的【文本】功能区中单击【文本框】按钮，在弹出的下拉列表中选择【简单文本框】命令，然后在文本框中输入"计算机文化节"。选中文本框或选中文本框中的文字，设置字体为"叶根友毛笔行书"，字号为"60"(直接输入)，加粗。在【图片工具-格式】选项卡的【艺术字样式】功能区中设置文本填充颜色为"红色"，文本轮廓为"白色"，粗细为"2.25磅"，并设置文本效果为"映像/紧密映像：接触"。文本效果如图3-97所示。

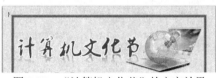

图 3-97　　"计算机文化节"的文字效果

2) "活动安排"文字创建

在【插入】选项卡的【文本】功能区中单击【文本框】按钮，在弹出的下拉列表中选择【简单文本框】命令。在【图片工具-格式】选项卡的【形状样式】功能区中单击【形状填充】按钮，在弹出的下拉列表中选择【无颜色填充】命令，单击【形状轮廓】按钮，在弹出的下拉列表中选择【无轮廓】命令，这样即可使文本框的填充和轮廓颜色均为无。

在【开始】选项卡的【字体】功能区中设置字体为"华文行楷"，字号为"28"(直接输入)，颜色为【自定义颜色】，RGB值为"228、108、10"。然后单击带圈字符⊕按钮，在弹出的【带圈文字】对话框中选择样式为"增大圈号"，圈号选择"圆形"，文本框中输入"活"，如图3-98所示。将该文本框复制三个副本，分别修改文字内容为"动""安""排"。

下面将对四个文本框进行对齐和分布设置。首先利用鼠标调整大致调整文本框的位置，【Shift】键选择四个文本框后，在【图片工具-格式】选项卡的【排列】功能区中单击【对齐】按钮，在弹出的下拉列表中分别单击【顶端对齐】和【横向分布】命令，带圈文字最终效果如图3-99所示。

图 3-98　创建带圈文字

图 3-99　带圈文字最终效果

3) 页面底端文字创建

分别利用文本框完成页面底端文字的创建，"还在等什么？赶快报名吧！"文字的【三角：正】弯曲效果设置方法如图3-100所示。并为"报名"文字添加"发光，11磅；红色，主题色2"的发光效果。

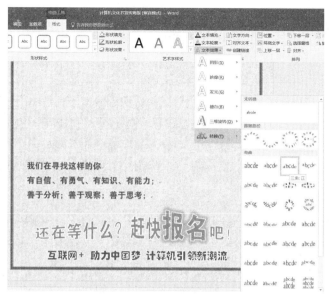

图 3-100　文字弯曲效果的设置

5. 表格设计

在文档中间的空白处插入一个文本框，调整文本框的大小。在【插入】选项卡的【表格】功能区中单击【表格】按钮，在文本框中插入一张"5 行 1 列"的表格，如图 3-101 所示。设置文本框的填充和轮廓颜色均为"无"，调整表格的下边框使表格与文本框的高度一致。选中整个表格，右击，在弹出的快捷菜单中选择【平均分布各行】命令。在【表格工具-设计】选项卡的【表格样式】功能区中设置表格样式为"中等深浅 1-着色 6"。

将光标定位在表格第一行，输入文字素材文件中的文字素材，设置字体为"黑体"，字号为"三号"，再选中"活动目的"文字，添加【加粗】和【倾斜】效果。用同样的方法输入表格中其他各行的文字，并根据文字的多少调整表格各行的行高。海报最终效果如图 3-102 所示。

图 3-101　添加表格

图 3-102　海报的最终效果

3.5 综合案例 2 设计毕业论文

毕业论文的主要由封面、摘要、目录及论文内容组成。封面是论文的首页，通常包含毕业论文的名称、学校的名称和图片、学生毕业信息、日期等内容，且封面不设置页码。摘要是对论文的简短陈述，页码格式为罗马字符。目录是根据论文标题内容自动生成的。

操作重点：在毕业论文排版中，首页、目录及摘要部分的页码与正文部分不同，那么就需要将首页、目录、摘要作为单独的节。论文内容中所有的标题要设置大纲级别。

1. 设置论文首页

打开文档"教学资源\第 3 章\素材\毕业论文.docx"，将光标定位到"摘要"文本前，在【布局】选项卡的【页面设置】功能区中单击【分隔符】按钮，在弹出的下拉列表的【分节符】选项组中选择【下一页】，即可插入一张空白页，如图 3-103 所示。

为了便于对同一文档的不同部分进行格式化的操作，可以将文档分为多个节。节是文档格式化的最大单位，只有在不同的节中才可以设置与前面文本不同的页面、页脚等格式。由于论文首页的页码与后面不同，因此在此处我们使用分节符。

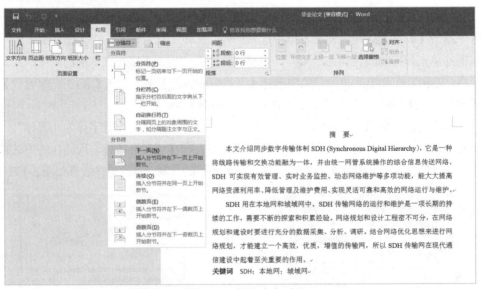

图 3-103 插入空白页

选择新创建的空白页，在其中输入论文题目及作者的信息文字，并分别设置其字体及字号。选择需要加下划线的文字，在【开始】选项卡的【字体】功能区中单击【下划线】按钮，即可为所选的文本添加下划线，首页效果如图 3-104 所示。

2. 对毕业论文进行排版

(1) 设置字体、段落格式。

(2) 插入分页符与分节符。

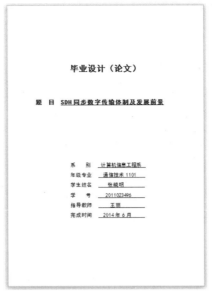

图 3-104　首页效果

3. 插入页码

插入页码可以使我们在毕业论文中快速定位到需要查看的页面，同时也是生成目录的必要条件。操作步骤如下：

在【插入】选项卡的【页面和页脚】功能区中单击【页码】按钮，在弹出的下拉列表中选择【普通数字 2】选项，即可在页面底端的居中位置插入页码，如图 3-105 所示。

图 3-105　插入页码

4. 自动生成目录与更新目录

(1) 自动生成毕业论文目录

插入目录前要先确定插入目录的位置,这里将在"摘要"前插入。由于目录部分的页码与正文不同,因此要先插入【分节符】。首先将光标定位到"摘要"前,插入【分节符】,并将"摘要"页码的【链接到前一条页眉】按钮取消。

插入目录的操作步骤:在【引用】选项卡的【目录】功能区中单击【目录】按钮,在弹出的下拉列表中选择【自动目录1】选项,则可以直接使用预定义的格式自动生成目录,如图3-106所示。

(2) 设置目录字体格式

选中目录中的所有文字,在【字体】对话框中设置文本的字体和字号。设置好的目录效果如图3-107所示。

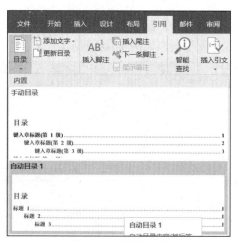

图3-106 插入目录

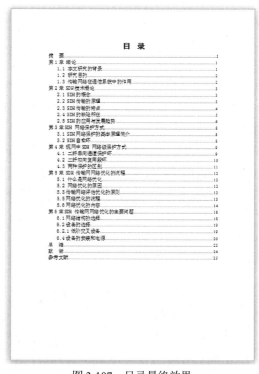

图3-107 目录最终效果

5. 定位文档位置

对于较长的文档,要查看某一级标题下的文本,如果用鼠标滚轮来定位文档的位置需要多次操作,可以使用导航窗格来对文档位置进行快速定位。

定位文档的操作步骤:在【视图】选项卡的【显示】功能区中勾选【导航窗格】复选框 □ 导航窗格 ,即可打开"导航"窗格。单击【标题】选项,可以显示文档中设置为大纲级别的所有标题。在【导航】窗格中单击需要查看的段落即可快速定位到该标题的位置。例如单击"第3章 SDH网络保护方式",可快速定位到文档的第3章,如图3-108所示。

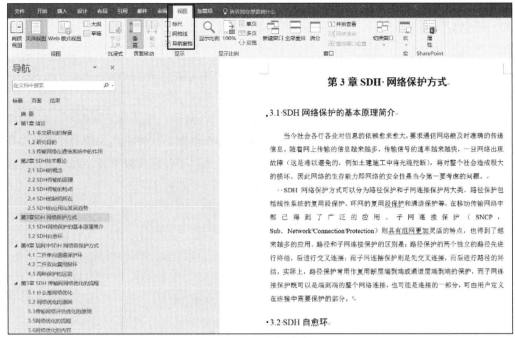

图 3-108　导航窗格

6. 字数统计

Word 2016 中提供了对文档中的字数进行统计的方法，可以使用户方便地查看文档中文字的数量。

字数统计的操作步骤：如果要统计整篇文档的字数，则首先取消对任何文本的选择。在【审阅】选项卡的【校对】功能区中单击【字数统计】按钮，在打开的【字数统计】对话框中显示了整篇文档的字数，如图 3-109 所示。如果要统计部分文本的字数，则将该部分文本选中即可。

图 3-109　【字数统计】对话框

【知识拓展】

通过本章的学习，我们已经了解了 Word 2016 强大的文字处理及排版功能，下面为大家介绍另外几种办公及排版软件。

- WPS：WPS 是金山公司出品的办公处理软件，Word 的几乎所有功能都可以在 WPS 中用相同操作方式进行使用。WPS 美观大方、界面清晰、软件小巧，使用起来更加符合中国人的使用习惯，但稳定性稍差。WPS 软件提供了在线模板下载，同时可以将模板一键分享到论坛、微博。WPS 软件的界面如图 3-110 所示。

图 3-110　WPS 软件界面

- 方正飞腾：方正飞腾是一款集图像、文字和表格于一体的综合性排版软件，它具有强大的中文处理能力和表格处理能力，能出色地表现版面设计思想，适于报纸、杂志、图书等各类出版物，是国内主流的排版软件。方正飞腾软件界面如图 3-111 所示。

图 3-111　方正飞腾软件界面

- InDesign: InDesign 是目前国际上最常用的最专业的排版软件,色彩应用功能强大,除了能够胜任常见的海报、名片、平面设计排版外,在处理大量文本排版时,如图书、手册、杂志等也有很大的优势。InDesign 软件界面如图 3-112 所示。

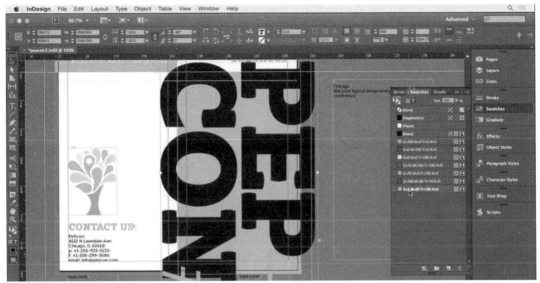

图 3-112 InDesign 软件界面

【思考练习】

1. 打开文档"教学资源\第 3 章\素材\习题 1.docx",按要求完成下列操作并保存文档。

(1) 将文中所有错词"中朝"替换为"中超";自定义页面纸张大小为"19.5 厘米(宽) x 27 厘米(高度)";设置页面左、右边距均为"3 厘米";为页面添加"1 磅、深红色(标准色)、方框型"边框;插入页眉,并在其居中位置输入页眉内容"体育新闻"。

(2) 将标题段文字("中超第 27 轮前瞻")设置为"小二号、蓝色(标准色)、黑体、加粗、居中对齐",并添加"浅绿色(标准色)"底纹;设置标题段段前、段后间距均为"0.5 行"。

(3) 设置正文各段落("北京时间……目标。")左、右各缩进"1 字符"、段前间距"0.5 行";设置正文第一段("北京时间……产生。")"首字下沉 2 行"(距正文"0.2 厘米"),正文其余段落("6 日下午……目标。")首行缩进"2 字符";将正文第三段("5 日下午……目标。")分为"等宽,2 栏",并添加栏间分隔线。

(4) 将文档中最后 8 行文字转换成一个 8 行 6 列的表格,设置表格第一、第三至第六列列宽为"1.5 厘米",第二列列宽为"3 厘米",所有行高为"0.7 厘米";设置表格"居中"、表格中所有文字"水平居中"。

(5) 设置表格外框线为"0.75 磅,红色(标准色)双窄线",内框线为"0.5 磅,红色(标准色),单实线";为表格第一行添加"白色,背景 1,深色 25%"底纹;在表格第四、五行之间插入一行,并输入各列内容分别为"4""贵州人和""10""11""5""41"。对"平"列依据

"数字"类型降序排列表格内容。

2. 完成北京冬奥运志愿者招募海报的制作。要求：题目内容自拟，利用艺术字，并设计文字效果。利用文本框及图片完成海报的设计与排版。

3. 邀请信是邀请亲朋好友或知名人士、专家等参加某项活动时所发的请约性书信，主要结构包括标题、称谓、正文、落款。利用 Word 2016 设计与制作一张邀请函。要求：结构完整，图文并茂。

第 4 章

Excel 2016应用

Excel 2016 电子表格处理软件是 Microsoft Office 2016 中最基本的三大组件之一，具有良好的操作界面，能轻松地完成表格操作；具有强大的数据处理功能，可以同时制作多张表格，还可以对表格中的数据按照一定的规则进行排序、运算等，能有效地提高数据处理的准确性。

【学习目标】

- 掌握工作表的基本操作，数据输入和编辑，单元格的格式设置
- 掌握工作表的格式化，包括设置列宽和行高、设置条件格式、使用样式等操作
- 掌握工作表中公式的输入和复制，常用函数的使用
- 掌握图表的建立、编辑、修改和修饰
- 掌握数据清单内容的排序、筛选、分类汇总和数据合并，数据透视表的建立
- 掌握工作表的页面设置，保护和隐藏工作簿和工作表等

4.1 Excel 2016 的概述

要学习 Excel 2016，首先要了解它的工作界面。Excel 2016 界面窗口包括快速启动工具栏、选项卡、功能区、名称框、编辑框、状态栏、行标、列标、滚动条等部分组成，如图 4-1 所示。

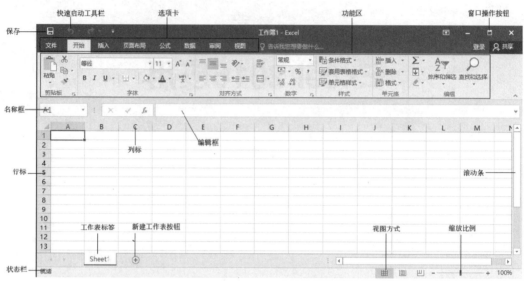

图 4-1　Excel 2016 界面窗口

4.1.1　Excel 2016 的启动和退出

1. 启动 Excel 2016

启动 Excel 2016 的方法很多，现介绍常用的 3 种启动方法。

方法 1：使用 Windows 操作系统中【开始】菜单启动。

选择 Windows 操作系统中的【开始】→【Microsoft Office 2016】→【Microsoft Excel 2016】命令启动。

方法 2：快捷键启动。

在桌面空白处右击，选择【新建】→【快捷方式】为 Microsoft Excel 2016 在桌面上建立快捷方式后，双击桌面上的 Excel 图标 来启动。若桌面上有 Micosoft Excel 2016 的快捷方式，直接双击图标启动即可。

方法 3：文件打开。

在操作系统中找到 Microsoft Excel 2016 的路径，直接双击文件夹中的 Excel 文件即可自动启动。

2. 退出 Excel 2016

退出 Excel 2016 和退出其他应用程序一样，通常有以下 3 种方法。

方法 1：单击 Excel 2016 窗口右上角的退出按钮 。

方法 2：在 Excel 2016 左上角的【文件】选项卡中选择【退出】命令。

方法 3：单击 Excel 2016 窗口，使用快捷键【Alt+F4】退出。

4.1.2　工作簿的操作

工作簿是 Excel 2016 用来处理和存储数据的文件，扩展名为.xlsx。

1. 新建工作簿

在启动 Excel 时，系统将自动创建一个名为"工作簿 1"的空白工作簿，用户也可以手动创建工作簿，操作步骤为：启动 Excel 2016 后，打开【文件】选项卡【新建】命令，将会出现模板，选【空白工作簿】，单击【创建】，如图 4-2 所示。系统自动为新建工作簿命名为"工作簿 2"，用户可以在保存工作簿时为其重命名。同时，系统为了满足不同群体的需要，还提供了一些可以直接使用的模板，类型有：会议议程、预算、日历、图表、费用报表、发票、备忘录、信件和信函、日常安排等，以提高办公效率。

图 4-2　新建空白工作簿

2. 保存工作簿

对于工作簿和工作表，用户对表中的数据进行操作后，需要对工作簿进行保存。Excel 2016 提供了"保存"和"另存为"两种保存方法。

方法 1：单击快速访问工具栏中的【保存】命令，或者使用【文件】选项卡中的【保存】命令，或者使用快捷键【Ctrl+S】，常用于保存新建的工作簿。

方法 2：使用【文件】选项卡中的【另存为】命令，常用于创建工作簿的副本。

3. 打开工作簿

方法 1：在操作系统中找到 Excel 2016 存在的路径，双击要打开的 Excel 2016 文件即可打开。

方法 2：先打开 Excel 2016，再通过【文件】选项卡中的【打开】命令，在对话框中选择要打开的文件，单击【打开】按钮即可。

4.1.3　工作表操作

工作表又称为电子表格，是 Excel 窗口的主体部分，Excel 2016 是以工作表为单位来进行存储和管理数据的，每张工作表中包含多个单元格。下面来介绍工作表的相关操作。

1. 新建工作表

创建工作簿时，系统默认创建一张工作表，工作表标签为 Sheet1。用户可以使用默认工作表，也可以根据自己的需要创建更多的工作表，Excel 提供了 3 种创建工作表的方法。

方法 1：打开【开始】选项卡，在【单元格】功能区中单击【插入】按钮下拉列表中的【插入工作表】命令，即可插入一张新工作表，如图 4-3 所示。

方法 2：单击工作表标签位置的【插入工作表】按钮 ，插入一张新工作表。

方法 3：右击任意工作表标签，在弹出的快捷菜单中选择【插入】命令也可插入一张新工作表，如图 4-4 所示。

图 4-3　功能区【插入工作表】命令

图 4-4　快捷菜单【插入】命令

2. 重命名工作表

为了便于区分和管理每张工作表，可以根据工作表中的内容为其重新命名，让使用者可以根据工作表名称快速地了解工作表的内容。Excel 2016 提供两种重命名的方法：

方法 1：右击需要修改的工作表标签，在弹出的快捷菜单中选择【重命名】命令，此时工作表标签进入编辑模式，直接输入新名称，然后按回车键即可。

方法 2：双击需要修改的工作表标签，此时进入编辑模式，输入新名称后按回车键即可。

3. 移动、复制工作表

在工作中常常需要创建工作表的副本，或者将当前工作簿中的工作表移动到另一个工作簿中时，可以通过移动或复制操作实现。

1) 同一工作表内的移动和复制操作

① 移动操作：单击要移动的工作表标签，不要释放鼠标，当被选中工作表左上角出现 时将工作表拖动到指定位置，然后释放鼠标即可。操作结果如图 4-5 所示，将工作表标签 Sheet1 移动到 Sheet3 之后。

(a) 选中 Sheet1 标签　　　　　　　　　　　　(b) 移动到 Sheet3 标签

图 4-5　拖动鼠标移动 Sheet1

② 复制操作：方法同移动操作类似，只需要在移动工作表的同时按住【Ctrl】键，移动到指定位置后，先释放鼠标，再松开【Ctrl】键。如图 4-6 所示，创建 Sheet1 副本，置于 Sheet3 之后，系统自动为创建的副本命名为 Sheet1(2)，可以对其重命名。

图 4-6　创建 Sheet1 副本

2) 不同工作簿间的移动和复制操作

在不同工作簿之间移动或复制工作表，至少要打开两个工作簿，我们把要移动或复制的工作表所在的工作簿称为"原工作簿"，把移到或复制后工作表所在的工作簿称为"目标工作簿"。操作过程如下：

(1) 在原工作簿中右击被移动的工作表，在弹出的快捷菜单中选择【移动或复制】命令，弹出如图 4-7 所示的【移动或复制工作表】对话框。

(2) 在对话框的【工作簿】下拉列表框中选择目标工作簿，然后在【下列选定工作表之前】列表框中选择放置的位置，移动或复制后的工作表被置于当前选择工作表之后。

(3) 如果是移动操作，单击【确定】按钮即可完成操作。如果是复制操作，需要勾选对话框中的【建立副本】复选框，然后单击【确定】按钮即可。

图 4-7　【移动或复制工作表】窗口

4. 删除工作表

Excel 2016 提供了两种删除工作表的方法，这两种方法都可以同时删除多张工作表。

方法 1： 首先选中要删除的工作表，然后打开【开始】选项卡，在【单元格】功能区中单击【删除】按钮下拉列表中的【删除工作表】命令即可。

方法 2： 右击要删除的工作表标签，在弹出的快捷菜单中选择【删除】命令也可删除选中的工作表。

4.1.4 输入数据

数据是工作表操作的基本对象,在工作表中可以输入数值、文本、时间和日期等多种数据,针对不同的数据要掌握其基本输入方法。

1. 输入文本型数据

Excel 2016 中的文本类型数据包括英文字母、汉字、数值和其他特殊字符等,文本型数据在单元格中默认左对齐。输入文本型数据的数值时需要注意,先输入一个英文(半角)单引号再输入数字,回车后单元格左上角出现绿色小三角,输入方法如图 4-8 所示。

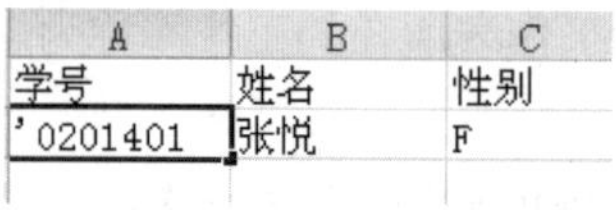

	A	B	C
	学号	姓名	性别
	'0201401	张悦	F

(a) 输入文本型数值

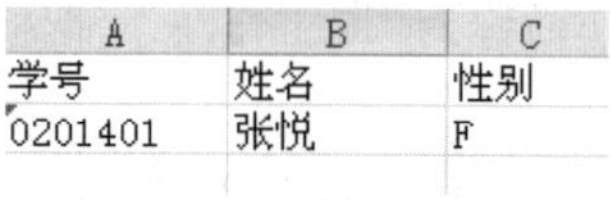

	A	B	C
	学号	姓名	性别
	0201401	张悦	F

(b) 输入后结果

图 4-8　输入文本型数值

2. 输入数值型数据

数值型数据是指参与数学运算的数据,例如"0.001""5.34""101"等数据。数值型数据直接在单元格中输入即可,在单元格中默认右对齐。如输入的数值型数据过长,超出单元格可以表示的范围时,Excel 自动使用科学记数法表示。输入数值型数据如图 4-9 所示。

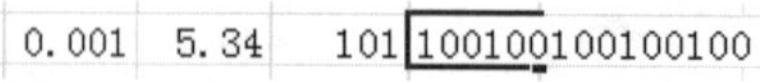

0.001	5.34	101	100100100100100

(a) 输入数值型数据图

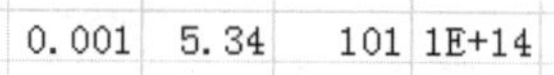

0.001	5.34	101	1E+14

(b) 科学记数法表示数值数据

图 4-9　输入数值型数值

3. 输入日期时间型数据

输入日期型数据需要使用"-"或者"/"连字符将年月日连接起来。输入时间型数据需要使用":"分隔符将时、分、秒分隔开。输入方法如图 4-10 所示。

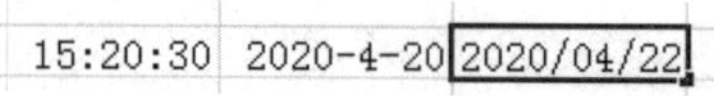

15:20:30	2020-4-20	2020/04/22

图 4-10　输入日期时间型数据

4.1.5 单元格操作

在 Excel 2016 中,工作表是构成工作簿的基本单元,而单元格又是构成工作表的基本单元。单元格是表格中行与列的交叉部分,是组成表格的最小单位,对数据的所有操作都是在单元格中完成的,每个单元格由行号和列号来定位。下面介绍有关单元格的插入、删除、复制、粘贴合并等操作。

1. 插入、删除单元格

在操作工作表时,常常需要插入或删除某个单元格,实现方法介绍如下。

1) 插入单元格

方法 1：使用快捷菜单实现。首先选中要插入的单元格位置，右击，弹出快捷菜单，选择【插入】命令，弹出如图 4-11 所示对话框，可以选择单元格插入的位置。其中【活动单元格右移】指在选中单元格的左边插入新单元格，【活动单元格下移】指在选中单元格的上边插入新单元格，还可以插入整行或整列。

图 4-11 【插入】对话框

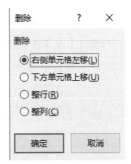

图 4-12 【删除】对话框

方法 2：使用【插入】命令。在【开始】选项卡的【单元格】功能区中单击【插入】按钮下拉列表中的【插入单元格】命令，打开如图 4-11 所示【插入】对话框，设置方法同上。

2) 删除单元格

方法 1：使用快捷菜单。首先选中要删除的单元格，右击，在弹出的快捷菜单中选择【删除】命令，弹出如图 4-12 所示的【删除】对话框。其中【右侧单元格左移】指选中单元格被删除后其右侧单元格移动到当前位置；【下方单元格上移】指选中单元格被删除后其下方单元格移动到当前位置。同时可以选择删除【整行】或【整列】。

方法 2：使用【删除】按钮。在【开始】选项卡的【单元格】功能区中单击【删除】按钮下拉列表中的【删除单元格】命令，打开如图 4-12 所示【删除】对话框，设置方法同上。

2. 复制、粘贴单元格

在操作工作表时，对于工作表中出现的重复性内容可以通过复制、粘贴简化输入操作。

1) 使用剪贴板实现复制、粘贴

① 选中需要复制的单元格，如选中连续的多个单元格可以使用鼠标拖动选中，或者使用【Shift】键选中某个区域；选中不连续的多个单元格使用【Ctrl】键选中。

② 右击选中单元格，在弹出的快捷菜单中选择【复制】命令，或者使用快捷键【Ctrl+C】，将复制内容放到剪切板。

③ 将光标定位在要粘贴位置的第一个单元格中，右击单元格，在弹出的快捷菜单中选择【粘贴】命令，或者使用快捷键【Ctrl+V】实现粘贴操作。

2) 使用鼠标拖动实现复制、粘贴

首先选中要复制的单元格，按住【Ctrl】键，同时单击单元格的黑色边框，光标上出现加号(+)时，拖动鼠标到目标位置，松开鼠标左键，再松开【Ctrl】键即可。

3. 合并单元格

Excel 2016 提供了多种合并单元格的操作方法，现介绍常用的两种方法：

方法 1： 使用【合并单元格】按钮。选中要合并的多个单元格，在【开始】选项卡的【对齐方式】功能区中单击【合并后居中】按钮下拉列表中的【合并单元格】命令，操作方法如图 4-13 所示。

方法 2： 使用【设置单元格格式】对话框。选中要合并的多个单元格，右击单元格，在弹出的快捷菜单中选择【设置单元格格式】命令，弹出如图 4-14 所示对话框，选择【对齐】选项卡，勾选【合并单元格】复选框，单击【确定】即可。

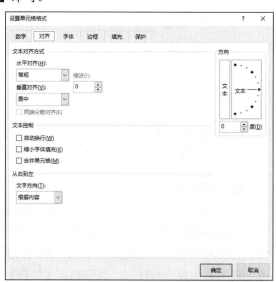

图 4-13　【合并单元格】命令　　　　图 4-14　【设置单元格格式】对话框的【对齐】选项卡

4.1.6　设置单元格格式

工作表中单元格的默认格式比较简单，常常需要美化单元格，可以通过单元格边框、单元格底纹或者应用样式来设置单元格格式。

1. 设置单元格边框

单元格边框的设置，包括单元格内、外边框线的样式和颜色。设置过程如下：

(1) 选中要设置边框的单元格区域。

(2) 右击单元格，在弹出的快捷菜单中选择【设置单元格格式】命令；或者在【开始】选项卡的【单元格】功能区中单击【格式】按钮下拉列表中的【设置单元格格式】命令。

(3) 在【设置单元格格式】对话框打开【边框】选项卡，如图 4-15 所示，在【样式】列表框中选择边框的内、外边框线条样式，在【颜色】下拉列表框中选择线条颜色，在【边框】中可以对边框的上下左右边框线进行单独的格式设置。

图 4-15 【设置单元格格式】对话框的【边框】选项卡

2. 设置单元格底纹

单元格底纹设置主要用于指定单元格的背景颜色。Excel 2016 提供多种方式设置底纹。

1) 使用【填充颜色】按钮

首先选中要设置背景的单元格，然后在【开始】选项卡的【字体】功能区中单击【填充颜色】按钮，如图 4-16 所示，在弹出窗口中选择需要的颜色即可。

2) 使用【设置单元格格式】命令的【填充】选项卡

首先选中要设置背景的单元格，打开【设置单元格格式】对话框，打开【填充】选项卡，选择需要的颜色即可。

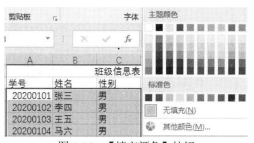

图 4-16 【填充颜色】按钮

3. 应用样式

Excel 2016 内嵌了很多样式供用户使用，只需要简单套用即可。操作方法：选择要设置样式的单元格区域。在【开始】选项卡的【样式】功能区中单击【单元格样式】按钮，弹出如图 4-17 所示窗口，单击需要的样式，设置结果如图 4-18 所示。

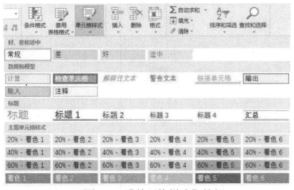

图 4-17 【单元格样式】按钮

	A	B	C	D
1	班级信息表			
2	学号	姓名	性别	年龄
3	20200101	张三	男	
4	20200102	李四	男	
5	20200103	王五	男	
6	20200104	马六	男	
7	20200105	邢海	男	
8	20200106	李红	女	

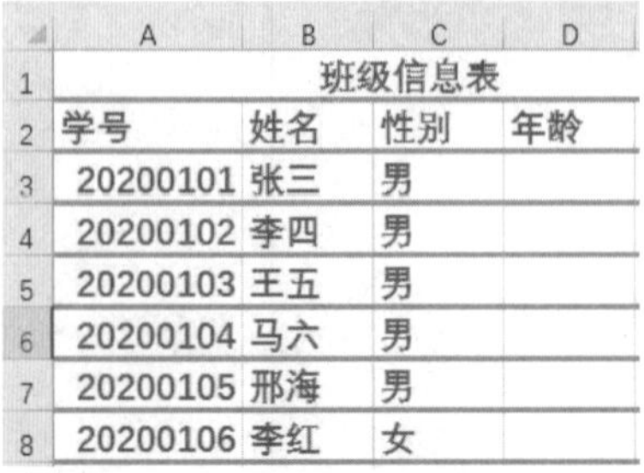

图 4-18 单元格样式的设置结果

4.1.7 调整行高和列宽

如果单元格中的数据过长或者需要显示多行数据时，单元格默认的宽度和高度不能满足需要，这时需要修改单元格的宽度和高度。

1. 调整行高

1) 鼠标拖动设置

将光标移动到两行行号的上下边界处，当光标变成“↕”形状时，按下鼠标左键，这时在右边小窗口中会显示高度信息，如图 4-19 所示。上下拖动鼠标，就会改变行的高度值。

	A	B	C
1	班级信息表		
2	学号	姓名	性别
3	20200101	张三	男
4	20200102	李四	男
5	20200103	王五	男

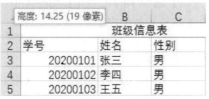

图 4-19 鼠标拖动设置行高

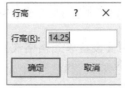

图 4-20 【行高】窗口

2) 【行高】对话框设置

首先选中单元格，在【开始】选项卡的【单元格】功能区中单击【格式】按钮下拉列表中的【行高】命令，弹出如图 4-20 所示的【行高】对话框，在【行高】输入框中输入数值即可。

2. 调整列宽

1) 鼠标拖动设置

将光标移动到列号的左或右边界处，当标变成“↔”形状时，按下鼠标左键。这时在右边小窗口中会显示宽度信息，如图 4-21 所示。左右拖动鼠标，就会改变列的宽度值。

2) 【列宽】对话框设置

首先选中单元格，在【开始】选项卡的【单元格】功能区中单击【格式】按钮下拉列表中的【列宽】命令，弹出如图 4-22 所示【列宽】对话框，在【列宽】输入框中输入数值即可。

图 4-21　鼠标拖动设置列宽　　　　　　图 4-22　【列宽】窗口

4.1.8　查看工作表

1. 拆分窗口

当用户在工作表中输入数据时，会因输入的数据量较大致使工作表的标题行消失，此时容易记错各列标题的相对位置。可通过拆分窗口的方式，将标题部分保留在屏幕上，只滚动数据部分。拆分窗口还可以在不隐藏行或列的情况下将相隔较远的行或列移动到相近的地方，以便更准确地输入数据，同时可以方便进行数据查看或数据比较。操作过程如下：

(1) 光标定位在需要拆分的位置，在【视图】选项卡的【窗口】功能区中单击【拆分】按钮。此时工作表被拆分成 4 个小窗口，在光标所在位置的上方和左方出现两条分割线，同时水平和垂直滚动条也都被分成两个。如图 4-23 所示。

(2) 拖动水平或垂直分割线可以改变小窗口的大小，方法是将光标放到分割线上，当光标变成 "↕" 时拖动分割线修改上下窗口的大小，当光标变成 "↔" 时拖动分割线修改左右窗口的大小。

(3) 查看完成后可以取消拆分窗口，方法同拆分窗口。

图 4-23　拆分窗口

2. 隐藏和显示窗口

Excel 2016 中不仅可以隐藏和显示工作表，还可以隐藏和显示窗口。

1) 隐藏窗口

在【视图】选项卡的【窗口】功能区中单击【隐藏】按钮，即可隐藏窗口。隐藏后的窗口界面如图 4-24 所示。

2) 显示窗口

在【视图】选项卡的【窗口】功能区中单击【取消隐藏】按钮，此时弹出如图 4-25 所示的【取消隐藏】对话框，选择需要显示的工作簿，单击【确定】按钮即可。

图 4-24 隐藏窗口   图 4-25 【取消隐藏】窗口

4.1.9 案例 1 制作"班级通讯录"

通过制作班级通讯录，巩固前面所学的如何在 Excel 2016 中新建工作簿，在单元格中进行数据的输入，设置单元格格式及数据格式等相关操作。具体要求包括：

① 新建一个工作簿并按照图 4-26 所示输入标题、各字段。字段包括学生的学号、姓名、性别、联系电话、E-mail、QQ 号等。

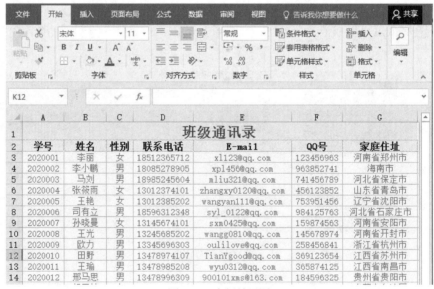

图 4-26 案例效果图

② 按照前面所学的方法进行学号的填充，输入图 4-26 所示的文字内容，将 D、E、F、G 列的列宽设置为"12 像素""20 像素""10 像素"和"15 像素"，C 列的列宽设置为"5 像素"。通讯录标题行高设置为"25 像素"，内容的行高设置为"18 像素"。文字居中对齐。

③ 将标题文字进行合并单元格。设置标题文字字体为"楷体"，字体大小为"18 磅"，文字颜色为"蓝色，个性化 5，深色 25%"，表格中各字段文字加粗。

④ 设置表格标题行所在的单元格背景色为"水绿色，个性化 5，淡色 60%"，A2-G2 单元格的边框颜色设置为"深红色"，边框线条为"第一列第一行的虚线"，单元格背景颜色为"橙色，个性化 6，淡色 60%"。

⑤ 对数据区域"A3:G12"使用单元格样式为"注释"。将工作表保存为"班级通讯录"。

具体操作步骤如下：

(1) 打开 Excel 2016 应用程序，默认新建一个工作簿，保存工作簿。单击【文件】选项卡中的【保存】命令，弹出如图 4-27 所示【另存为】对话框，改变文件保存路径，修改文件名为"班级通讯录"，单击【保存】按钮即可。

图 4-27　【另存为】窗口

(2) 在 Sheet1 工作表的"A1"单元格中输入工作表标题"班级通讯录"。在数据区域"A2:G2"单元格分别输入分类小标题"学号""姓名""性别""联系电话""E-mail""QQ 号""家庭住址"等文本型数据，输入结果如图 4-28 所示。

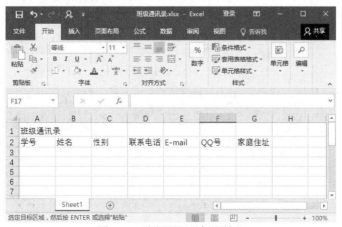

图 4-28　班级通讯录标题输入

(3) 在 A3 单元格中输入第一位同学的学号"2014001",选中"A3"单元格向下拖动至 A20 单元格,填充所有数据。选中数据区域"A3:A20",右击选中单元格,在弹出的快捷菜单中选择【设置单元格格式】命令,在打开的窗口中切换到【数字】选项卡,在【分类】列表框中选择【文本】,单击【确定】按钮,将学号设置成文本型数字。填充结果如图 4-29 所示。

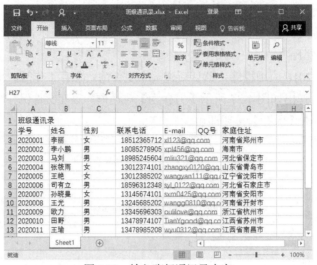

图 4-29　输入班级通讯录内容

(4) 参照图 4-26 在"姓名""性别""联系电话""E-mail""QQ 号""家庭住址"列中分别输入数据。由于单元格宽度有限,"联系电话""E-mail""QQ 号""家庭住址"项内容不能完全显示,需要将 D、E、F、G 列的列宽调整为"12 像素""20 像素""10 像素"和"15 像素",将 C 列的列宽调整为"5 像素"。

(5) 选中数据区域"A1:G1",在【开始】选项卡的【对齐方式】功能区中单击【合并后居中】按钮,合并标题单元格并居中显示。选中数据区域"A2:G20",在【开始】选项卡的【对齐方式】功能区中单击【居中】按钮,使内容水平居中显示,结果如图 4-30 所示。

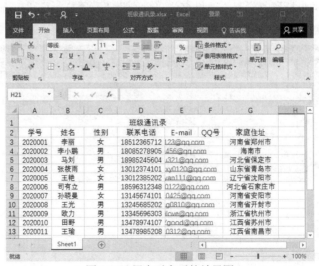

图 4-30　居中对齐后的效果图

(6) 选中标题行，将行高调整为"25 像素"，选中数据区域"A2:G20"，将行高调整为"18 像素"。

(7) 设置文字格式，首先选中标题文字，在【开始】选项卡的【字体】功能区中单击【字体】按钮的下拉列表框，选择"楷体"字体，在【字号】下拉列表框中选择"18"磅，单击【加粗】按钮对文字加粗，单击【文字颜色】按钮将文字颜色设置为"蓝色，个性化 5，深色 25%"。选中数据区域"A2:G2"，将分类小标题加粗显示，设置结果如图 4-31 所示。

图 4-31　设置文字字体格式

(8) 选中标题单元格，右击，在弹出的列表中选择【设置单元格格式】，选择【填充】选项卡，设置标题单元格的背景色为"水绿色，个性化 5，淡色 60%"。选中数据区域"A2:G2"，在上述【设置单元格格式】中选择【边框】选项卡，将单元格的边框颜色设置为"深红色"，边框线条为"第一列第一行的虚线"；运用上述设置单元格背景颜色的方法同样将单元格的背景颜色设置为"橙色，个性化 6，淡色 60%"。

(9) 选中数据区域"A3:G12"，单击在【开始】选项卡的【样式】功能区中，单击【单元格样式】按钮，在下拉列表中选择【数据和模型】的样式为"注释"。

(10) 右击 Sheet1 标签，在弹出的快捷菜单中选择【重命名】命令项，重命名工作表为"班级通讯录"，再次保存工作簿。最终效果图如图 4-26 所示。

4.2　公式和函数的运用

Excel 2016 软件强大功能之一就是可以对工作表中的数据进行各种复杂的运算，复杂运算的实现就要借助于公式和函数。Excel 2016 软件内部集成了多种不同类型的函数，能够正确地使用公式和函数对用户操作数据尤为重要。

4.2.1 公式运用

Excel 2016 中提供了数学运算、关系运算和逻辑运算等操作的相关运算符，将运算符与数据进行正确组合就可以求得需要结果。一个公式由“=”、单元格引用、运算符和常量等元素组成。

1. 输入公式

输入方法：首先将光标定位在相应单元格，然后输入“=”，在“=”后面输入运算公式即可。如图 4-32 所示，求数据区域“D3:H3”的和，在 I3 单元格中输入“=D3+E3+F3+G3+H3”按回车键(或单击编辑栏✓按钮)即可自动得到运算结果。

SUM　×　✓　fx　=D3+E3+F3+G3+H3

	A	B	C	D	E	F	G	H	I	J
1						学生期末考试成绩表				
2	学号	姓名	性别	高等数学	大学英语	计算机基础	体育	程序设计基础	总分	平均分
3	2020001	张海	男	80	78	85	70	75	=D3+E3+F3+G3+H3	
4	2020002	李丽	女	82	76	79	72	76		
5	2020003	刘思源	男	75	68	78	80	65		
6	2020004	李嘉诚	男	64	60	70	75	70		
7	2020005	张安	男	70	75	79	80	71		
8	2020006	刘晓庆	女	78	80	82	83	78		
9	2020007	马斯	男	60	50	70	80	64		
10	2020008	赵宇	男	90	85	93	81	82		
11	2020009	李煜	女	93	90	91	76	80		

图 4-32　用公式求和

2. 填充公式

Excel 2016 中同一个列或同一行使用相同的运算公式时，我们可以使用公式填充功能，上例中图 4-32 已经计算出张海同学的总成绩，要求计算其他同学的总成绩。操作方法：首先选中 I3 单元格，将光标移动到单元格右下角的小方格上，按住鼠标左键不放，向下拖动到指定单元格，松开鼠标即可自动填充其他同学的总成绩。计算结果如图 4-33 所示。

	A	B	C	D	E	F	G	H	I
1						学生期末考试成绩表			
2	学号	姓名	性别	高等数学	大学英语	计算机基础	体育	程序设计基础	总分
3	2020001	张海	男	80	78	85	70	75	388
4	2020002	李丽	女	82	76	79	72	76	385
5	2020003	刘思源	男	75	68	78	80	65	366
6	2020004	李嘉诚	男	64	60	70	75	70	339
7	2020005	张安	男	70	75	79	80	71	375
8	2020006	刘晓庆	女	78	80	82	83	78	401
9	2020007	马斯	男	60	50	70	80	64	324
10	2020008	赵宇	男	90	85	93	81	82	431
11	2020009	李煜	女	93	90	91	76	80	430

图 4-33　用填充公式求和

4.1.2 函数运用

函数是 Excel 2016 预先定义好具有特定功能的公式组合。Excel 2016 提供了 200 多个内部函数，包括数学与三角函数、统计函数、逻辑函数、查找与引用函数、工程函数、日期和时间函数及用户自定义函数等。函数作为 Excel 处理数据的重要手段，功能是十分强大的，在生活和工作实践中可以有多种应用，甚至可以用 Excel 来设计复杂的统计管理表格或者小型的数据库系统。尤其对于会计学、统计学等学科有较强的实用意义。一个函数由函数名和参数组成，引用函数时需在函数前加等号"="。下面介绍 Excel 2016 中常用的函数。

1. 求和函数 SUM( )

SUM( )是 Excel 函数中最为常用的函数之一，用于求一组数值的和。下面通过在"学生期末考试成绩表"中的数据区域"I3:I11"，计算学生的总分来说明如何使用求和函数。首先单击I3 单元格，然后单击【公式】选项卡的【函数库】功能区中的【自动求和】按钮，再选择"D3:H3"区域，按回车键即可求出总分。再将其他学生的总分依次填充。计算结果如图 4-34 所示。

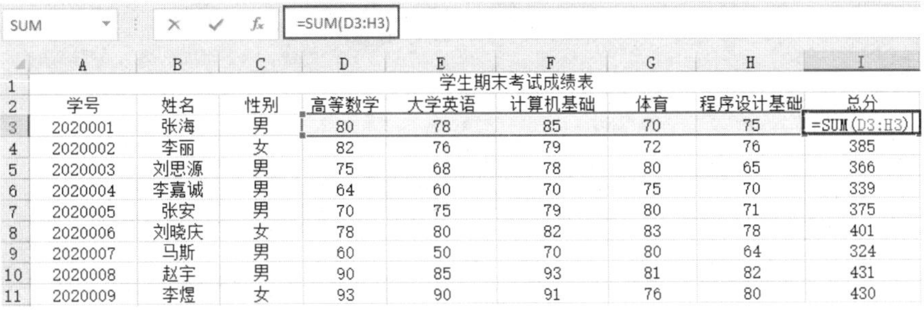

图 4-34　利用求和公式计算学生总分

2. 求平均值函数 AVERAGE( )

AVERAGE( )函数用于求一组数值的算术平均值。函数的使用方法和 SUM( )函数的使用方法一致。例如，在"学生期末考试成绩表"中数据区域"J3:J11"列中计算每位学生的平均分。首先单击 J3 单元格，然后单击【公式】选项卡的【函数库】功能区中的【自动求和】按钮，在弹出子菜单中选择【平均值】命令，再选择"D3:H3"区域，按回车键即可求出平均值。再将其他学生的平均分依次填充。计算结果如图 4-35 所示。

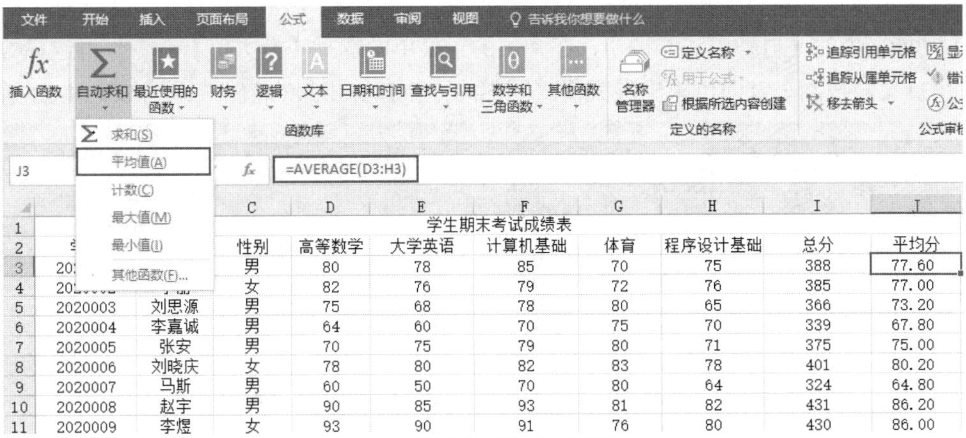

图 4-35　学生的平均分计算结果

3. 计数函数 COUNT( )

COUNT( )函数用于计算区域中包含数字的单元格的数量。文本型数据和字符型数据均不能参与函数的计算。函数使用的方法和 SUM()函数使用方法一致。例如，在"学生期末考试成绩表"的 F12 单元格中计算学生的总人数。首先单击 F12 单元格，然后单击【公式】选项卡的【函数库】功能区中的【自动求和】按钮，在弹出的子菜单中选择【计数】命令，再选择"I3:I11"区域，按回车键即可求出学生人数。如图 4-36 所示。

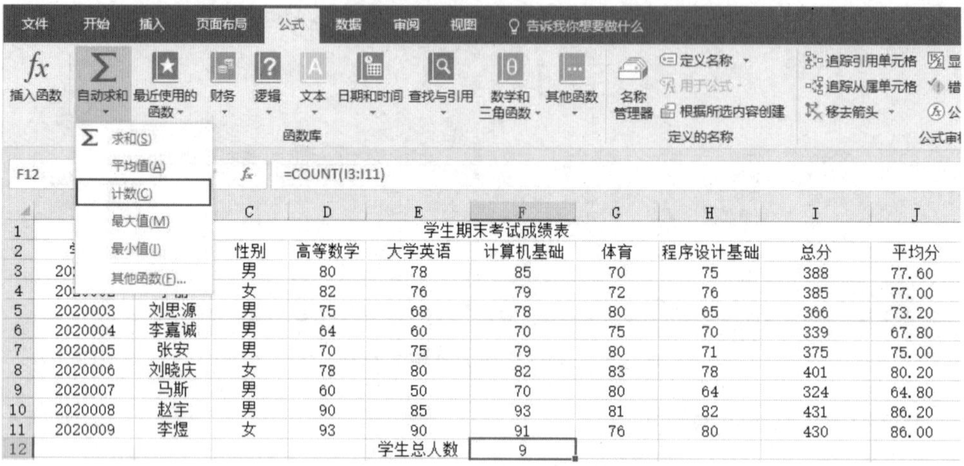

图 4-36　学生总人数计算结果

4. 求最大值 MAX( )和最小值 MIN( )函数

MAX( )函数和 MIN( )函数分别用于得到一组数值中的最大值和最小值。函数使用的方法和 SUM( )函数使用方法一致。例如，在"学生期末考试成绩表"的 H12 和 J12 单元格中分别计算出总分最高的同学和总分最低的同学。首先单击 H12 单元格，然后单击【公式】选项卡的【函数库】功能区中的【自动求和】按钮，在弹出的子菜单中选择【最大值】命令，再选择数据区域"I3:I11"，按回车键即可求出最大值。同样的方法计算出最小值。如图 4-37、4-38 所示。

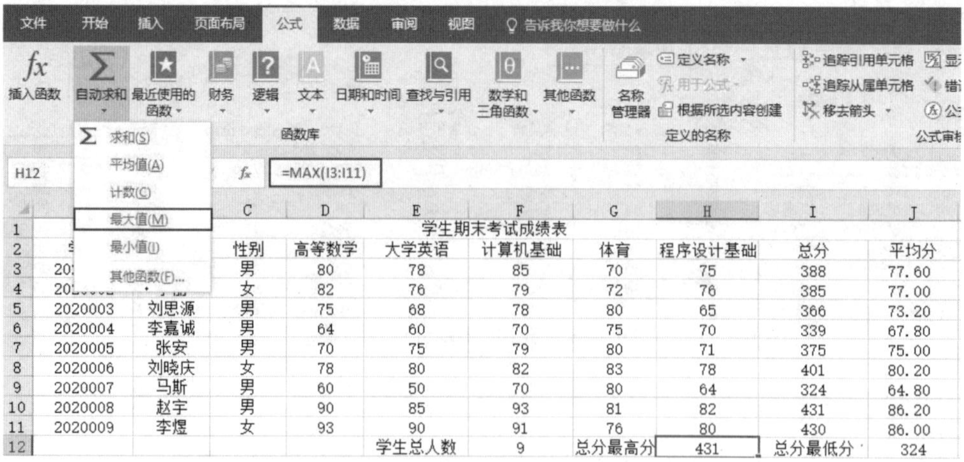

图 4-37　计算总分最高分结果

图 4-38　计算总分最低分结果

5. 条件函数 IF( )

IF( )函数用于进行条件判断,如果指定条件的计算结果为 TRUE(即为真值),将返回某个值;如果该条件的计算结果为 FALSE(即为假值),则返回另一个值。例如,在数据区域"K3:K11"这一列单元格中将"学生期末考试成绩表"中学生总成绩进行等级划分。如果学生总成绩大于400 分,等级为"优秀";否则学生总成绩等级为"及格",实现过程如下:

(1) 打开"学生期末考试成绩表",单击 K3 单元格;

(2) 单击 Excel 编辑框左侧的【插入函数】图标 f_x,在弹出的【插入函数】对话框中选择IF 函数,单击【确定】按钮进入到【函数参数】对话框,在【Logic_test】中输入判断条件"I3>400",在【Value_if_true】中输入条件为真时的结果"优秀",在【Value_if_false】中输入条件为假时的结果"及格"。单击【确定】按钮即可。再将其他学生的成绩等级依次填充。函数运行结果如图 4-39 所示。

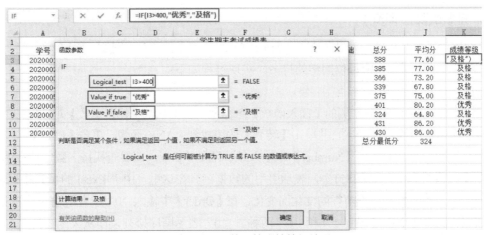

图 4-39　IF 函数计算成绩等级结果

在实际应用当中,当我们遇到的条件不止一个时,就需要使用多层 IF 嵌套语句。例如,在数据区域"K3:K11"这一列单元格中将"学生期末考试成绩表"中学生总成绩进行等级划分。如果学生总成绩大于 400 分,等级为"优秀";总成绩在 380~400 分之间,等级为"良好",总成绩小于 380 分的学生总成绩等级为"及格",实现过程如下:

(1) 打开"学生期末考试成绩表",单击 K3 单元格;

(2) 单击 Excel 编辑框左侧的【插入函数】图标 f_x,在弹出的【插入函数】对话框中选择 IF 函数后单击【确定】按钮进入到【函数参数】对话框,在【Logic_test 中】输入判断条件"I3>400",在【Value_if_true】中输入条件为真时的结果"优秀",在【Value_if_false】中输入条件为假时的结果"IF(AND(I3>380,I3<=400),"良好","及格"",如图 4-40 所示。单击【确定】按钮即可。其中 AND( )函数是一个逻辑函数,它返回的是 TRUE 或者是 FALSE。将其他学生的成绩等级向下进行填充。

图 4-40　多层 IF 嵌套计算成绩等级结果

6. 排名函数 RANK( )

RANK( )函数是求某一个数值在某一区域内一组数值中的排名。例如,在 L3 单元格中计算"学生期末考试成绩表"中每位同学的排名。实现过程如下:

(1) 单击 L3 单元格;

(2) 单击 Excel 编辑框左侧的【插入函数】图标 f_x,在弹出的【插入函数】对话框中的【搜索函数】文本框中输入 RANK,并单击【转到】按钮找到 RANK 函数,单击【确定】按钮进入到【函数参数】对话框,在【Number】中输入统计范围"I3",即要查找排名数字所在的单元格。在【Ref】中输入"I$3:I$11",表示引用的数据列。在这里,由于 Excel 的填充序列功能,使用混合引用将使数据列不随行的变化而变化。在【Order】中输入"0"或者不输入。单击【确定】按钮。其中【Order】有"1"和"0"两种。"0"表示降序排列,即从大到小排名,"1"表示升序排列,即从小到大排名。"0"默认不用输入,得到的就是从大到小的排名。将其他学生的排名向下进行填充,计算结果如图 4-41 所示。

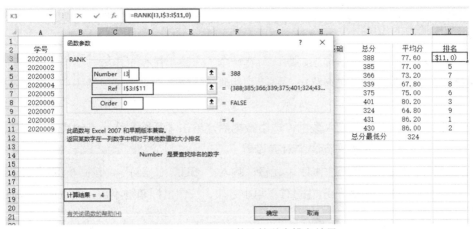

图 4-41   RANK 函数计算学生排名结果

4.2.3   案例 2 制作"学生期末考试成绩表"

通过制作"学生期末考试成绩表",巩固前面所学的新建工作簿、输入数据、计算数据的总分、平均分,统计人数、计算排名等操作。具体要求包括:

① 按照图 4-42 的文字内容输入"学生期末考试成绩表"的基本信息,包括学生姓名、各科成绩、总分、平均分等字段。其中缺考的成绩用"-"代替。以"学生期末考试成绩表"为文件名进行保存。

姓名	性别	基础会计	审计	财务	经济法	计算机	税法	职业道德	总分	平均分	排名
陈之和	男	92	100	89	92	100	96	88			
董利秉	男	92	86	85	90	88	93	59			
江侬鲁	女	87	78	90	55	84	98	84			
姜利黎	男	87	81	77	86	80	95	77			
李朝霞	女	86	56	79	-	76	-	87			
李书易	女	81	72	91	79	81	55	80			
齐一贺	女	-	80	82	65	79	88	75			
隋洋州	男	73	70	83	81	70	87	79			
孙见品	男	74	76	59	78	81	86	65			
王鸣嗣	男	61	-	68	72	71	80	47			
信席樊	女	65	60	65	65	73	80	36			
张嘉庆	女	65	51	70	78	70	58	73			
赵伐	男	74	59	72	-	-	-	61			
赵叔迪	男	40	40	62	65	70	76	40			
各科最高成绩											
各科最低成绩											
各科参考人数											
各科平均成绩											
各科不及格人数											
未参加考试人数											
男生总人数			女生总人数			男生平均成绩			女生平均成绩		

图 4-42   学生期末考试成绩表

② 使用所学到的公式计算每位学生的总分、平均分(数值型数据,保留小数点后 1 位有效数字)、计算每科成绩中的最高成绩和最低成绩。

③ 计算各科目的平均分(数值型数据,保留小数点后 1 位有效数字)、各科不及格的人数、参加考试的人数和缺考的人数。

④ 使用函数计算每位同学的名次、统计表格中男生和女生的人数、计算男生总分的平均成绩(数值型、保留小数点 1 位有效数字)和女生总分的平均成绩(数值型数据,保留小数点后 1 位有效数字)。

⑤ 利用条件格式将排名前 4 名的同学的排名设置成"绿填充色深绿色文本"。

具体操作步骤如下：

(1) 打开 Excel 2016 应用程序，默认新建一个工作簿，保存工作簿。单击【文件】选项卡中【保存】命令，改变文件保存路径，修改文件名为"学生期末考试成绩表"，单击【保存】按钮即可。

(2) 参照如图 4-42 所示输入数据，选中数据后，单击【开始】选项卡的【对齐方式】功能区中的【居中】按钮将文本进行居中对齐设置。

(3) 求每位同学的总分。选中 J3 单元格，输入"=SUM(C3:I3)"，按回车键即可求出 J3 单元格的值。将光标移动到 J3 单元格的右下角小方块，按住鼠标左键不放，向下拖动到 J16 单元格求出每位同学的总分。

(4) 求每位同学的平均分。选中 K3 单元格，单击 Excel 编辑框左侧的【插入函数】图标 f_x，在弹出的【插入函数】对话框中找到 AVERAGE 函数后，单击【确定】按钮后进入到【函数参数】对话框，在【Number1】中输入计算的范围"C3:I3"，单击【确定】按钮，即可求出第一位同学的平均分，参照上一步求出其他同学的平均分。

(5) 求各科目的平均分，选中 C20 单元格，参照步骤(4)求出各科成绩的平均分。

(6) 求各科成绩的最高分。选中 C17 单元格，单击 Excel 编辑框左侧的【插入函数】图标 f_x，在弹出的【插入函数】对话框中找到 MAX 函数后，单击【确定】按钮后进入到【函数参数】对话框，在【Number1】中输入计算的范围"C3:C16"，单击【确定】按钮，即可求出"基础会计"的最高分，将光标移动到 C17 单元格的右下角小方块，按住鼠标左键不放向右拖动到 I17 单元格求出各科目的最高分。

(7) 选中 C18 单元格，参照步骤(6)求出各科目的最低分。

(8) 统计各科不及格人数。选中 C21 单元格，单击 Excel 编辑框左侧的【插入函数】图标 f_x，在弹出的【插入函数】对话框中使用【转到】功能找到 COUNTIF 函数后，单击【确定】按钮后进入到【函数参数】对话框，函数参数设置如图 4-43 所示，然后单击【确定】即可求出"基础会计"不及格人数。按照该方法求出其他科目不及格人数。用类似方法在单元格 C23 和单元格 E23 中计算出男生的总人数和女生的总人数。

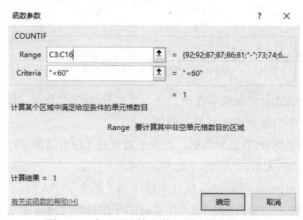

图 4-43　求"不及格人数"的函数参数设置

(9) 求出各科参加考试的人数，"-"表示缺考。选中 C19 单元格，单击 Excel 编辑框左侧的【插入函数】图标 *fx*，在弹出的【插入函数】对话框中找到 COUNT 函数后，单击【确定】按钮后进入到【函数参数】对话框，在【Value1】中输入统计范围"C3:C16"，单击【确定】按钮，即可求出"基础会计"参加考试人数。将鼠标移动到 C19 单元格的右下角小方块，按住鼠标左键不放，向右拖动到 I19 单元格即可求出其他科目参加考试人数。函数参数设置如图 4-44所示。

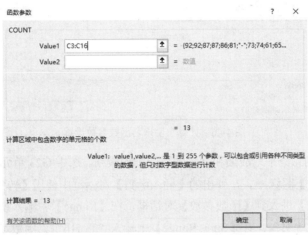

图 4-44　计算各科参加考试人数函数参数设置

(10) 计算缺考人数。选中 C22 单元格，参照第 9 步统计缺考人数。函数参数设置如图 4-45所示。

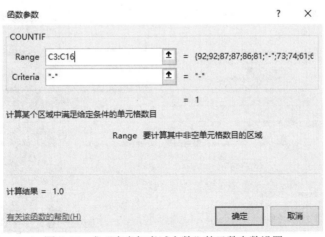

图 4-45　求"未参加考试人数"的函数参数设置

(11) 计算每位同学的排名。选中 L3 单元格，单击 Excel 编辑框左侧的【插入函数】图标 *fx*，在弹出的【插入函数】对话框中使用【转到】功能找到 RANK 函数后，单击【确定】按钮后进入到【函数参数】对话框，在【Number】中输入统计范围"J3"，即是要查找排名数字所在的单元格。在【Ref】中输入"J$3:J$16"。在【Order】中输入"0"。函数参数设置如图 4-46 所示。单击【确定】按钮即可求出"陈之和"的排名。将鼠标移动到 L3 单元格的右下角小方块，按住鼠标左键不放向下拖动到 L16 单元格即可求出其他学生的排名。

图 4-46　计算学生排名函数参数设置

(12) 计算男生的总分平均成绩和女生的总分平均成绩。选中 G23 单元格，单击 Excel 编辑框左侧的【插入函数】图标 f_x，在弹出的【插入函数】对话框中使用【转到】功能找到 SUMIF 函数后，单击【确定】进入到【函数参数】对话框，在【Range】中输入统计范围 "B3:B16"，在【Criteria】中输入 "男"。在【Sum_Range】中输入 "J3:J16"。函数参数设置如图 4-47 所示。此时，计算出来的是所有男生的总成绩，要计算平均成绩，要在 Excel 的编辑框中输入 "/C23"，即可求出男生总成绩的平均成绩。如图 4-48 所示。女生总成绩的平均成绩按相同的方法可计算得出。

图 4-47　计算男生总分求和函数参数设置

f_x　=SUMIF(B3:B16,"男",J3:J16)/C23

图 4-48　编辑框计算男生的总分平均成绩

(13) 设置文本的条件格式。选中数据区域 "L3:L16"，在【开始】选项卡中的【样式】功能区中单击【条件格式】按钮，在弹出的下拉列表中选择【突出显示单元格规则】|【小于】命令，在弹出的【小于】对话框中设置数据具体的范围为 "5"，设置为 "绿填充色深绿色文本"，

单击【确定】按钮即可完成效果的设置。设置条件如图 4-49 所示。

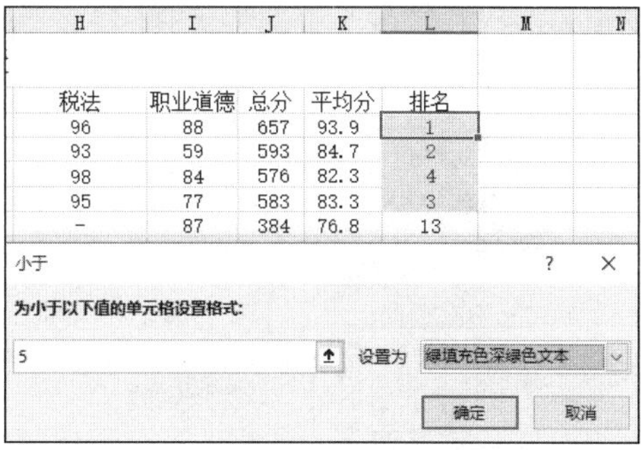

图 4-49　设置条件格式

(14) “学生期末考试成绩表”制作完成，结果如图 4-50 所示。

	A	B	C	D	E	F	G	H	I	J	K	L
1	学生期末考试成绩表											
2	姓名	性别	基础会计	审计	财务	经济法	计算机	税法	职业道德	总分	平均分	排名
3	陈之和	男	92	100	89	92	100	96	88	657	93.9	1
4	董利秉	男	92	86	85	90	88	93	59	593	84.7	2
5	江侬鲁	女	87	78	90	55	84	98	84	576	82.3	4
6	姜利黎	男	87	81	77	86	80	95	77	583	83.3	3
7	李朝霞	女	86	56	79	–	76	–	87	384	76.8	13
8	李书易	女	81	72	91	79	81	55	80	539	77.0	6
9	齐一贺	女	–	80	82	65	79	88	75	469	78.2	8
10	隋洋州	男	73	70	83	81	70	87	79	543	77.6	5
11	孙见品	男	74	76	59	78	81	86	65	519	74.1	7
12	王鸣嗣	男	61	–	68	72	71	80	47	399	66.5	11
13	信席樊	女	65	60	65	65	73	80	36	444	63.4	10
14	张嘉庆	女	65	51	70	78	70	58	73	465	66.4	9
15	赵伐	男	74	59	72	–	–	–	61	266	66.5	14
16	赵叔迪	男	40	40	62	65	70	76	40	393	56.1	12
17	各科最高成绩		92	100	91	92	100	98	88			
18	各科最低成绩		40	40	59	55	70	55	36			
19	各科参考人数		13	13	14	12	13	12	14			
20	各科平均成绩		75.2	69.9	76.6	75.5	78.7	82.7	67.9			
21	各科不及格人数		1	4	1	1	0	2	4			
22	未参加考试人数		1	1	0	2	1	2	0			
23		男生总人数	8	女生总人数	6	男生平均成绩	494.1	女生平均成绩	479.5			

图 4-50　“学生期末考试成绩表”最终结果

4.3 数据分析处理

Excel 2016 具有强大的数据分析处理功能。数据处理包括对工作表的数据进行排序、筛选和分类汇总等。Excel 2016 还可以根据用户所提供的数据建立图表、数据透视表，使数据分类一目了然，具有实用性强、方便灵活等特点。

4.3.1 数据排序

将一组数据按照一定规律进行排列称为数据排序，数据排序有助于阅读者快速地查看和理解数据信息，它的作用是根据用户的需要使用户能更加清晰地看到数据。数据排序也是数据分析处理的基础，分类汇总前必须对数据进行排序处理。

只按照一个关键字进行排序称为单条件排序，排序的方式可以是升序(从小到大)或降序(从大到小)。具体实现方法有如下两种：

① 单击数据区域中任意单元格，在【开始】选项卡的【编辑】功能区中单击【排序和筛选】按钮，如图 4-51 所示，如果想要进行升序排序则选择"升序"，否则选择"降序"，即可完成单条件排序。

图 4-51　【编辑】组中的【排序和筛选】按钮

② 选中数据区域中任意单元格，单击【数据】选项卡的【排序和筛选】功能区中的【升序】或【降序】按钮即可完成排序。如图 4-52 所示。

图 4-52　【排序和筛选】功能区

4.3.2　数据的筛选

如果用户希望根据某些条件在大量的数据中查找出来用户所需要的数据行，可以使用 Excel 2016 所提供的数据筛选功能。工作表中显示满足筛选条件的数据，隐藏不满足条件的数据，用户可以对这些数据进行格式的重新设置、图表的建立和打印筛选结果等操作。将数据清单中按照一个或多个条件筛选出满足条件的某数据列的值的筛选方式被称为自动筛选。自动筛选分为单条件筛选和多条件筛选两种。

1）单条件筛选

单条件筛选是指将符合单一条件的数据筛选出来，此功能允许在筛选条件中出现不等值的情况。例如，对工作表"选修课成绩单"内的数据内容进行自动筛选，条件为：系别为"计算机"。原表如 4-53 所示。

图 4-53　"选修课成绩单"

具体实现过程如下所示：

(1) 打开"选修课成绩单"。

(2) 选中数据区域中任意单元格，在【数据】选项卡的【排序和筛选】功能区中单击【筛选】按钮，在每个字段名后会出现一个下拉箭头。如图 4-54 所示。

图 4-54　选择自动筛选后的选修课成绩单

(3) 单击【系别】后下拉箭头 ⬜，在弹出菜单中只勾选"计算机"，如图 4-55 所示。单击【确定】按钮。筛选结果如图 4-56 所示。

2) 多条件筛选

多条件筛选是指将多个符合特定条件的数据筛选出来，其方法就是先进行单条件筛选，再在筛选结果的基础上进行其他条件的筛选。

图 4-55　勾选"计算机"

A	B	C	D	E
1			选修课成绩单		
2	系别	学号	姓名	课程名称	成绩
4	计算机	992032	王文辉	人工智能	87
10	计算机	992089	金翔	多媒体技术	73
11	计算机	992005	扬海东	人工智能	90

图 4-56　单条件筛选结果

例如，对工作表"选修课成绩单"内的数据内容进行自动筛选，条件为：第一，课程名称"计算机图形学"；第二，"成绩大于或等于 60 并且小于或等于 80"。原表如 4-53 所示。

具体实现过程如下所示：

(1) 打开"选修课成绩单"。

(2) 选中数据区域中任意单元格，在【数据】选项卡的【排序和筛选】功能区中单击【筛选】按钮，在每个字段名后会出现一个下拉箭头。如图 4-57 所示。

(3) 单击【课程名称】后下拉箭头 ，在弹出子菜单中只勾选"计算机图形学"，如图 4-58 所示。单击【确定】按钮即可。

	A	B	C	D	E
1			选修课成绩单		
2	系别	学号	姓名	课程名称	成绩
3	信息	991021	李新	多媒体技术	74
4	计算机	992032	王文辉	人工智能	87
5	自动控制	993023	张磊	计算机图形学	65
6	经济	995034	郝心怡	多媒体技术	86
7	信息	991076	王力	计算机图形学	91
8	数学	994056	孙英	多媒体技术	77
9	自动控制	993021	张在旭	计算机图形学	60
10	计算机	992089	金翔	多媒体技术	73
11	计算机	992005	扬海东	人工智能	90
12	自动控制	993082	黄立	计算机图形学	85
13	信息	991062	王春晓	多媒体技术	78
14	经济	995022	陈松	人工智能	69
15	数学	994034	姚林	多媒体技术	89
16	信息	991025	张雨涵	计算机图形学	62
17	自动控制	993026	钱民	多媒体技术	66
18	数学	994086	高晓东	人工智能	78
19	经济	995014	张平	多媒体技术	80
20	自动控制	993053	李英	计算机图形学	93

图 4-57　选择自动筛选后的选修课成绩单

图 4-58　勾选"计算机图形学"

(4) 在筛选后的数据清单中，单击【成绩】后的下拉箭头 ，在弹出的菜单中选择【数字筛选】命令项，弹出如图 4-59 所示【自定义自动筛选方式】对话框。设置【成绩】条件为"大于或等于 60" 与"小于或等于 80",单击【确定】按钮即可完成筛选。

图 4-59 【自定义筛选】对话框条件设置

筛选结果如图 4-60 所示。

	A	B	C	D	E
1			选修课成绩单		
2	系别 ▼	学号 ▼	姓名 ▼	课程名称 ▼	成绩 ▼
3	信息	991021	李新	多媒体技术	74
5	自动控制	993023	张磊	计算机图形学	65
8	数学	994056	孙英	多媒体技术	77
9	自动控制	993021	张在旭	计算机图形学	60

图 4-60 多条件筛选结果

4.3.3 分类汇总

分类汇总是根据用户的需求,对工作表中数据的某个字段进行分类,统计出同一类的相关信息,分类汇总的结果插入到相应类别数据行的最上端和最下端。Excel 2016 提供了求和、平均值、最大值、最小值等汇总函数。值得注意的是,在分类汇总之前,要根据一个以上的字段进行排序。

例如,对工作表"某图书销售公司销售情况表"内的数据清单的内容进行分类汇总。原表如图 4-61 所示。分类汇总前先按主要关键字"经销部门"进行升序排序,次要关键字"图书类别"进行升序排序。分类字段为"经销部门",汇总方式为"求和",汇总项为"销售额",汇总结果显示在数据下方,将执行分类汇总后的工作表保存在原工作表。具体实现过程如下:

	A	B	C	D	E	F
1			某图书销售公司销售情况表			
2	经销部门	图书类别	季度	数量(册)	销售额(元)	销售量排名
3	第1分部	计算机类	3	323	22610	5
4	第1分部	少儿类	4	342	10260	3
5	第1分部	社科类	2	435	21750	1
6	第1分部	社科类	3	324	16200	4
7	第2分部	计算机类	2	256	17920	8
8	第2分部	计算机类	3	234	16380	10
9	第2分部	社科类	1	167	8350	19
10	第2分部	社科类	4	219	10950	12
11	第2分部	社科类	2	211	10550	14
12	第3分部	少儿类	2	321	9630	6
13	第3分部	少儿类	4	432	12960	2
14	第3分部	社科类	4	213	10650	13
15	第3分部	社科类	3	189	9450	17
16	第3分部	社科类	2	242	7260	9
17	第3分部	社科类	3	287	14350	7

图 4-61 图书销售公司销售情况表

(1) 打开"某图书销售公司销售情况表"。

(2) 选中数据区域中任意一个单元格,单击【数据】选项卡的【排序和筛选】功能区中的

【排序】按钮，选择【添加条件】，在【主要关键字】下拉列表中选择"经销部门"，【次序】选择"升序"，【次要关键字】下拉列表中选择"图书类别"，【次序】选择"升序"，如图 4-62 所示。单击【确定】按钮即可完成分类汇总之前的排序。

图 4-62　【排序】条件

(3) 单击【数据】选项卡的【分级显示】功能区中的【分类汇总】按钮，在弹出的对话框中设置【分类字段】为"经销部门"，【汇总方式】为"求和"，【选定汇总项】为"销售额"，勾选【汇总结果显示在数据下方】选项，如图 4-63 所示。设置完成后单击【确定】按钮即可。

分类汇总后的效果图如图 4-64 所示。

图 4-63　【分类汇总】对话框

	A	B	C	D	E	F
1			某图书销售公司销售情况表			
2	经销部门	图书类别	季度	数量(册)	销售额(元)	销售量排名
4	第1分部	计算机类	3	323	22610	5
5	第1分部	少儿类	4	342	10260	3
6	第1分部	社科类	2	435	21750	1
7	第1分部	社科类	3	324	16200	4
8	第1分部 汇总				70820	
11	第2分部	计算机类	2	256	17920	8
13	第2分部	计算机类	3	234	16380	10
14	第2分部	社科类	1	167	8350	19
16	第2分部	社科类	4	219	10950	12
17	第2分部	社科类	2	211	10550	14
19	第2分部 汇总				64150	
20	第3分部	少儿类	2	321	9630	6
21	第3分部	少儿类	4	432	12960	2
22	第3分部	社科类	4	213	10650	13
23	第3分部	社科类	1	189	9450	17
24	第3分部	社科类	2	242	7260	9
25	第3分部	社科类	3	287	14350	7
26	第3分部 汇总				64300	
27	总计				199270	

图 4-64　分类汇总结果

4.3.4　案例 3　制作"教师工资管理表"

通过制作"教师工资管理表"，巩固前面所学的新建工作簿、输入数据、使用公式计算数据等操作，以及自动筛选、高级筛选、分类汇总和排序等数据分析的操作。

具体要求包括：

① 按照图 4-65 所示输入"教师工资管理表"的基本信息，包括工号、姓名、部门等字段。工作表以"教师工资管理表"保存。

② 使用所学到的公式计算应发工资(应发工资=基本工资+生活补贴+岗位津贴)和实发工资(实发工资=应发工资-个人所得税)。其中应发工资和实发工资为数值型数据，保留小数点后 1 位有效数字。

	2015年9月份教师工资表								
工号	姓名	部门	职务等级	基本工资	生活补贴	岗位津贴	个人所得税	应发工资	实发工资
2014003	王鹏	行政部	科员	2400	300	700	190		
2010022	汪洋	理学院	讲师	2200	300	700	170		
2010011	郑凯	理学院	讲师	2200	300	700	170		
2009010	李爽双	信息学院	教授	3800	1000	2000	530		
2013020	赵颖	信息学院	讲师	2200	300	700	170		
2014021	马西	管理学院	副教授	3000	500	1000	300		
2015001	陆贞	行政部	科员	2400	300	700	190		
2012014	吴照	政治学院	讲师	2200	300	700	170		
2011100	刘思	理学院	讲师	2200	300	700	170		
2010340	张海洋	经济学院	教授	3800	1000	2000	530		
2012123	马丽丽	法学院	科员	2400	300	700	190		
2013432	吴泽宇	行政部	科员	2400	300	700	190		
2011435	曾晓鹏	经济学院	讲师	2200	300	700	170		
2015980	刘刘	法学院	副教授	3000	500	1000	300		
2015002	司仪照	法学院	讲师	2200	300	700	170		

图 4-65　"教师工资管理表"的基本信息

③ 按"职务等级"对工作表进行升序排列，按"部门"进行升序排列。

④ 在 Sheet2 中复制"教师工资管理表"的基本信息，利用自动筛选筛选出"职务等级"为教授、所属部门为经济学院的教师信息。

⑤ 在 Sheet3 中复制"教师工资管理表"的基本信息，利用高级筛选筛选出所属部门为理学院或者基本工资大于 3000 的教师信息。

⑥ 在 Sheet4 中复制"教师工资管理表"的基本信息，对"教师工资管理表"进行分类汇总，其中分类字段为"部门"，汇总方式为"平均值"，汇总项为"实发工资"，汇总结果显示在数据下方，将执行分类汇总后的工作表保存在原工作表。

具体实现过程如下所示：

(1) 打开 Excel 应用程序，默认新建一个工作簿，保存工作簿。单击【文件】选项卡中【保存】命令，改变文件保存路径，修改文件名为"教师工资管理表"，单击【保存】命令即可。参照如图 4-65 所示输入数据，并将标题行合并单元格。

(2) 计算应发工资和实发工资。设置单元格数据格式，选中要设置的数据区域，右击，在弹出的【设置单元格格式】对话框中选择【数字】选项卡中的【数值】选项，【小数位数】选择"1"，如图 4-66 所示，按【确定】按钮。

图 4-66　【设置单元格格式】对话框

(3) 按照如图 4-67、4-68 所示的方法，计算应发工资和实发工资。

| I3 | fx | =E3+F3+G3 |

工号	姓名	部门	职务等级	基本工资	生活补贴	岗位津贴	个人所得税	应发工资	实发工资
					2015年9月份教师工资表				
2014003	王鹏	行政部	科员	2400	300	700	190	3400.0	
2010022	汪洋	理学院	讲师	2200	300	700	170	3200.0	
2010011	郑凯	理学院	讲师	2200	300	700	170	3200.0	
2009010	李爽双	信息学院	教授	3800	1000	200	530	5000.0	
2013020	赵颖	信息学院	讲师	2200	300	700	170	3200.0	
2014021	马西	管理学院	副教授	3000	500	100	300	3600.0	
2015001	陆贞	行政部	科员	2400	300	700	190	3400.0	
2012014	吴照	政治学院	讲师	2200	300	700	170	3200.0	
2011100	刘思	理学院	讲师	2200	300	700	170	3200.0	
2010340	张海洋	经济学院	教授	3800	1000	2000	530	6800.0	
2012123	马丽丽	法学院	科员	2400	300	700	190	3400.0	
2013432	吴泽宇	行政部	科员	2400	300	700	190	3400.0	
2011435	曾晓鹏	经济学院	讲师	2200	300	700	170	3200.0	
2015980	刘刘	法学院	副教授	3000	500	1000	300	4500.0	
2015002	司仪照	法学院	讲师	2200	300	700	170	3200.0	

图 4-67　计算应发工资结果

| J3 | fx | =I3-H3 |

工号	姓名	部门	职务等级	基本工资	生活补贴	岗位津贴	个人所得税	应发工资	实发工资
					2015年9月份教师工资表				
2014003	王鹏	行政部	科员	2400	300	700	190	3400.0	3210.0
2010022	汪洋	理学院	讲师	2200	300	700	170	3200.0	3030.0
2010011	郑凯	理学院	讲师	2200	300	700	170	3200.0	3030.0
2009010	李爽双	信息学院	教授	3800	1000	200	530	5000.0	4470.0
2013020	赵颖	信息学院	讲师	2200	300	700	170	3200.0	3030.0
2014021	马西	管理学院	副教授	3000	500	100	300	3600.0	3300.0
2015001	陆贞	行政部	科员	2400	300	700	190	3400.0	3210.0
2012014	吴照	政治学院	讲师	2200	300	700	170	3200.0	3030.0
2011100	刘思	理学院	讲师	2200	300	700	170	3200.0	3030.0
2010340	张海洋	经济学院	教授	3800	1000	2000	530	6800.0	6270.0
2012123	马丽丽	法学院	科员	2400	300	700	190	3400.0	3210.0
2013432	吴泽宇	行政部	科员	2400	300	700	190	3400.0	3210.0
2011435	曾晓鹏	经济学院	讲师	2200	300	700	170	3200.0	3030.0
2015980	刘刘	法学院	副教授	3000	500	1000	300	4500.0	4200.0
2015002	司仪照	法学院	讲师	2200	300	700	170	3200.0	3030.0

图 4-68　计算实发工资结果

(4) 对数据表进行排序。选中数据区域任意单元格，单击【数据】选项卡的【排序和筛选】功能区中的【排序】按钮，在弹出的子菜单中选择【添加条件】。选择【主要关键字】列的列名为"职务等级"、排序依据默认、排序【次序】为"升序"。【次要关键字】为"部门"、排序依据默认、排序【次序】为"升序"。设置条件如图 4-69 所示，完成后单击【确定】按钮即可完成排序。

图 4-69　【排序】条件设置

(5) 将排序后的工作表全部复制，并粘贴到 Sheet2、Sheet3、Sheet4 工作表中，在 Sheet2 中，选中数据区域中任意单元格，单击【数据】选项卡的【排序和筛选】功能区中【筛选】按钮。单击【职务等级】后下拉箭头，在弹出子菜单中只勾选"教授"，如图 4-70 所示。单击【确定】按钮。

图 4-70　自动筛选"职务等级"为"教授"

同样的方法筛选出所属部门为经济学院的教师信息。筛选结果如图 4-71 所示。

工号	姓名	部门	职务等级	基本工资	生活补贴	岗位津贴	个人所得税	应发工资	实发工资
				2015年9月份教师工资表					
2010340	张海洋	经济学院	教授	3800	1000	2000	530	6800.0	6270.0

图 4-71　自动筛选最终结果

(6) 在 Sheet3 中，条件区域为"A18:B20"中，条件区域如图 4-72 所示。单击【数据】选项卡的【排序和筛选】功能区中【高级】按钮，弹出【高级筛选】对话框。在【方式】选项中选择第一个单选按钮，在列表区域中选择要筛选的数据列表，条件区域中选择高级筛选条件，复制到选择筛选后的结果存储区域。筛选结果如图 4-73 所示。

部门	基本工资
理学院	
	>3000

图 4-72　高级筛选条件区域

工号	姓名	部门	职务等级	基本工资	生活补贴	岗位津贴	个人所得税	应发工资	实发工资
				2015年9月份教师工资表					
2010022	汪洋	理学院	讲师	2200	300	700	170	3200.0	3030.0
2010011	郑凯	理学院	讲师	2200	300	700	170	3200.0	3030.0
2011100	刘思	理学院	讲师	2200	300	700	170	3200.0	3030.0
2010340	张海洋	经济学院	教授	3800	1000	2000	530	6800.0	6270.0
2009010	李爽双	信息学院	教授	3800	1000	200	530	5000.0	4470.0
部门	基本工资								
理学院									
	>3000								

图 4-73　高级筛选最终结果

(7) 在 Sheet4 中，单击【数据】选项卡的【分级显示】功能区中【分类汇总】按钮，在弹出的对话框中设置【分类字段】为"部门"，【汇总方式】为"平均值"，【选定汇总项】为"实发工资"，勾选【汇总结果显示在数据下方】选项。如图 4-74 所示。设置完成后单击【确定】按钮即可。

图 4-74 　【分类汇总】条件

分类汇总后的效果图如图 4-75 所示。

1 2 3		A	B	C	D	E	F	G	H	I	J
	1					2015年9月份教师工资表					
	2	工号	姓名	部门	职务等级	基本工资	生活补贴	岗位津贴	个人所得税	应发工资	实发工资
	3	2015980	刘刘	法学院	副教授	3000	500	1000	300	4500.0	4200.0
	4			法学院 平均值							4200.0
	5	2014021	马西	管理学院	副教授	3000	500	100	300	3600.0	3300.0
	6			管理学院 平均值							3300.0
	7	2015002	司仪照	法学院	讲师	2200	300	700	170	3200.0	3030.0
	8			法学院 平均值							3030.0
	9	2011435	曾晓鹏	经济学院	讲师	2200	300	700	170	3200.0	3030.0
	10			经济学院 平均值							3030.0
	11	2010022	汪洋	理学院	讲师	2200	300	700	170	3200.0	3030.0
	12	2010011	郑凯	理学院	讲师	2200	300	700	170	3200.0	3030.0
	13	2011100	刘思	理学院	讲师	2200	300	700	170	3200.0	3030.0
	14			理学院 平均值							3030.0
	15	2013020	赵颖	信息学院	讲师	2200	300	700	170	3200.0	3030.0
	16			信息学院 平均值							3030.0
	17	2012014	吴照	政治学院	讲师	2200	300	700	170	3200.0	3030.0
	18			政治学院 平均值							3030.0
	19	2010340	张海洋	经济学院	教授	3800	1000	2000	530	6800.0	6270.0
	20			经济学院 平均值							6270.0
	21	2009010	李爽双	信息学院	教授	3800	1000	200	530	5000.0	4470.0
	22			信息学院 平均值							4470.0
	23	2012123	马丽丽	法学院	科员	2400	300	700	190	3400.0	3210.0
	24			法学院 平均值							3210.0
	25	2014003	王鹏	行政部	科员	2400	300	700	190	3400.0	3210.0
	26	2015001	陆贞	行政部	科员	2400	300	700	190	3400.0	3210.0
	27	2013432	吴泽宇	行政部	科员	2400	300	700	190	3400.0	3210.0
	28			行政部 平均值							3210.0
	29			总计平均值							3486.0
	30										

图 4-75 　分类汇总最终结果

4.4　图表操作

图表是将工作表中的数据以图的形式表现出来，使数据更加直观、易懂。图形化可以准确反映出数据之间的关系，帮助直接地观察数据的分布和变化趋势，从而正确地得出结论。当工作表中的数据发生变化时，图表中对应项的数据也会自动更新，除此之外，Excel 2016 还能够将数据创建为数据图，可以插入、描绘各种图形，使工作表中的数据、文字、图形兼备。

4.4.1　介绍图表

1. Excel 2016 中的图表

Excel 2016 为用户提供了 15 种图表类型，每一种类型又有多种子类型，还提供了自定义图表，有的图表类型还包括了二维和三维两种形式。用户可以根据实际需求，选择系统提供的图表或者自定义图表。用户可以通过【插入】选项卡中的【图表】功能区进行选择。

2. 图表类型

Excel 2016 为用户提供了包括柱形图、折线图、饼图、条形图、面积图、XY 散点图等图表类型，如图 4-76 所示，常用的图表类型介绍如下：

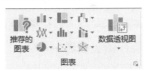

图 4-76　图表的分类

① 柱形图：用于显示一段时间内的数据变化或显示各项之间的比较情况。

② 折线图：可显示随时间而变化的连续数据，非常适用于显示在相等时间间隔下数据的趋势。

③ 饼图：显示一个数据系列中各项的大小与各项总和的比例。

④ 条形图：显示各个项目之间的比较情况。

⑤ 面积图：强调数量随时间而变化的程度，也可用于引起人们对总值趋势的注意。

⑥ XY 散点图：显示若干数据系列中各数值之间的关系，或者将两组数绘制为 xy 坐标的一个系列。

⑦ 其他图表：其他图表包括股价图、曲面图、雷达图、旭日图、直方图、箱形图、瀑布图、树状图和组合等图表的类型。

4.4.2　图表组成

图表由许多部分组成，包括图表区、绘图区、图表标题、坐标轴、数据系列和图例等，如图 4-77 所示。其中图表标题、坐标轴标题、图例在【图表工具】选项卡的【标签】功能区中进行设置。坐标轴和网格线在【坐标轴】功能区中设置。饼图或其他图表中时常用到显示数据的具体百分比，在【标签】功能区中的【数据标签】按钮中设置。

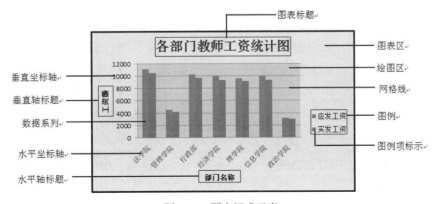

图 4-77　图表组成元素

4.4.3 编辑图表

图表生成后不一定完全令人满意，可根据实际情况修改图表的各组成元素的格式，使得图表的表现力更强。图表的编辑通常包括更改图表数据区域、更改图表类型、更改图表布局、更改图表样式、更改图表位置和更改图表格式等。

1. 更改图表数据区

在此编辑项中我们可以重新选择数据源、切换图表行和列、编辑图例项和编辑水平轴标签。例如，要求去掉"各部门教师工资统计图"图表中"应发工资"项。如 4-78 所示。

图 4-78　各部门教师工资统计图

实现过程：

方法 1： 在"各部门教师工资统计表"的数据区域中删除"应发工资"列，即可完成操作。

方法 2： 右击"各部门教师工资统计图"，在弹出的子菜单中选择【选择数据】命令项，弹出如图 4-79 所示对话框。在对话框的【图例项(系列)】列表选择中"应发工资"，然后单击【删除】按钮，即可去掉"应发工资"项，得到如图 4-80 所示图表。

图 4-79　【选择数据源】对话框　　　　图 4-80　去掉"应发工资"的图

2. 更改图表类型

在实际应用过程中，为了更加清晰地表示数据的趋势，用户可以根据需求更改图表的类型。

例如，将图 4-78 由"簇状柱形图"改为"三维饼图"。操作步骤：右击"各部门教师工资统计图"，在弹出的子菜单中选择【更改图表类型】命令项，弹出如图 4-81 所示对话框，在对话框中选择【三维饼图】，即可得到如图 4-82 所示饼图。

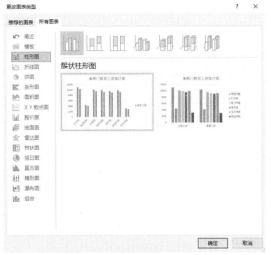

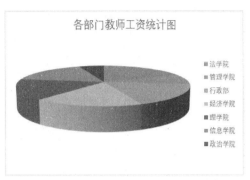

图 4-81　【更改图表类型】对话框　　　图 4-82　"各部门教师工资统计图"三维饼图

3. 更改图表布局和样式

系统为用户提供了 15 种图表的布局方式和 10 种样式，用户可以根据自己的实际需要进行选择和变化。例如，图 4-82 的图表布局方式为"布局 7"，图表样式为"样式 1"。尝试将布局方式改变为"布局 1"，图表样式改变为"样式 3"。

操作步骤：首先选中图表，出现【图表工具】选项卡，如图 4-83 所示，单击【设计】选项卡的【图表布局】功能区中的【样式 1】，得到如图 4-84 所示图表。在【设计】选项卡的【图表样式】功能区中选择【样式 3】，得到如图 4-85 所示图表。

图 4-83　图表工具菜单

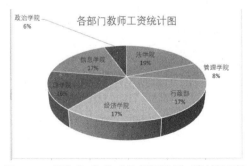

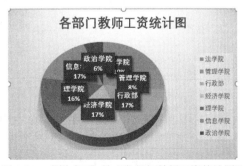

图 4-84　【样式 1】的"各部门教师工资统计图"　　　图 4-85　【样式 3】的"各部门教师工资统计图"

4.4.4 案例 4 制作"食堂 3 月销售情况图"

通过制作"食堂 3 月销售情况表"图表，巩固前面所学。按照要求建立图表，并给图表添加标题。设置图例、数据标签、设置序列格式和设置图表区格式。

具体要求如下：

① 按照图 4-86 所示的数据区域选取"部门名称"列和"所占比例"列建立销售情况的二维分离型饼图。

序号	部门名称	销售额	所占比例
\multicolumn{4}{c}{食堂3月销售情况表}
1	1号窗口	10000	13.0%
2	2号窗口	12000	15.6%
3	3号窗口	15000	19.5%
4	4号窗口	11000	14.3%
5	5号窗口	9000	11.7%
6	6号窗口	20000	26.0%

图 4-86 食堂 3 月销售情况表

② 在图表的上方添加标题，标题的名称为"食堂 3 月销售情况图"，字体格式为"宋体、16 磅"。

③ 图例位置置于底部。

④ 添加数据标签，设置数据标签属性，标签包括："值"，标签位置："数据标签外"。

⑤ 设置数据序列格式，饼图分离程度为："20%"，阴影：预设"左上斜偏移"。

⑥ 设置图表区格式，图表背景颜色为："深蓝，淡色 80%"。

具体操作过程为：

(1) 按照图 4-86 所示输入数据，选取"部门名称"列和"所占比例"列，单击【插入】选项卡的【图表】功能区中的【饼图】按钮，选择【二维分离型饼图】选项。

(2) 修改饼图标题为"食堂 3 月份销售情况图"，选中标题，设置字体为："宋体、16 磅"，结果如图 4-87 所示。

图 4-87 建立食堂 3 月销售情况图

(3) 右击"图例"，在弹出的子菜单中选择【设置图例格式】命令项，修改图例位置为【底部】。

(4) 添加数据标签：右击【数据系列】，在弹出的子菜单中选择【添加数据标签】命令项，右击刚添加的【数据标签】，在弹出的子菜单中选择【设置数据标签格式】，弹出如图 4-88 所示对话框，设置标签包括："值"，标签位置："数据标签外"，设置结果如图 4-89 所示。

图 4-88　【设置数据标签格式】对话框

图 4-89　设置数据标签的饼图效果图

(5) 设置数据序列格式，右击【数据序列】，在弹出的子菜单中选择【设置数据系列格式】命令，在弹出对话框中设置饼图分离程度为："20%"，阴影：预设"左上斜偏移"，如图 4-90、图 4-91 所示。

图 4-90　设置饼图分离程度

图 4-91　设置阴影效果

(6) 设置图表区格式，右击图表空白处，在弹出的子菜单中选择【设置图表区格式】命令项，在弹出对话框中设置"纯色填充、深蓝、淡色 80%"，设置图表区格式如图 4-92 所示。

(7) 完成图表的设置后，单击【保存】按钮，"食堂 3 月份销售情况图"的图表制作完成，如图 4-93 所示。

图 4-92　设置图表区格式

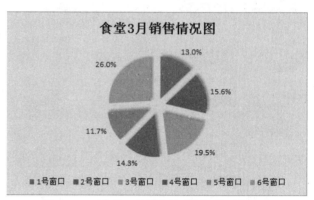

图 4-93　"食堂 3 月销售情况图"的最终结果

4.5　数据透视表和数据透视图

数据透视表和数据透视图是一种对大量数据快速汇总和建立交叉列表和图表的交互式动态表格和图表，用户可以在其中进行求和、计数等计算，可以帮助用户分析、组织既有数据，是Excel 2016 中数据分析的重要组成部分。

4.5.1　创建数据透视表

1. 创建数据透视表

下面通过具体案例来说明创建数据透视表的过程。例如，对工作表"图书订购单"内数据清单的内容建立数据透视表，按行标签为"使用学期"和"出版社"，数据为"定价"和"数量"求和布局，置于现工作表的"A14:C31"单元格区域，并保存于原工作表。工作表如图 4-94所示。选择创建数据透视表的数据区域后，具体操作步骤如下：

	A	B	C	D	E	F	G	H	I
1				图书订购单					
2	序号	书名	作者	出版社	ISBN	出版日期	定价	数量	使用学期
3	1	计算机导论	陈明	清华大学出版社	9787302182	2009/3/1	28	50	第1学期
4	2	Java 语言程序设计	郎波	清华大学出版社	9787302102	2005/6/1	38	30	第2学期
5	3	嵌入式系统基础教程(第2版)	俞建新	机械工业出版社	9787111472	2015/1/1	49	30	第3学期
6	4	大学计算机基础教程	赵莉	机械工业出版社	9787111472	2014/9/1	37	45	第1学期
7	5	大学计算机基础实验教程	方昊	机械工业出版社	9787111472	2014/9/1	26	45	第1学期
8	6	PHP实用教程（第2版）	郑阿奇	电子工业出版社	9787121242	2014/9/1	45	52	第2学期
9	7	笔记本电脑维修高级教程（芯片级）	唐学斌	电子工业出版社	9787121112	2010/8/1	32	35	第2学期
10	8	电脑组装、维修、反病毒(第4版)	胡存生	电子工业出版社	9787121092	2009/2/1	32	38	第2学期
11	9	SQL Server实用教程（第4版）	刘启芬	电子工业出版社	9787121232	2014/8/1	39	60	第2学期
12	10	软件工程概论 第2版	郑人杰	机械工业出版社	9787111472	2014/11/1	45	30	第3学期

图 4-94　图书订购单

(1) 单击【插入】选项卡的【表格】功能区中的【数据透视表】按钮，会弹出【创建数据透视表】对话框，如图 4-95 所示。

图 4-95　创建数据透视表

(2) 选择需要分析的数据区域，即"A2:H12"，数据区域一般是工作表内部的数据，也可以使用外部链接数据源。

(3) 在【选择放置数据透视表的位置】选项组中选择【现有工作表】选项，输入现有工作表的位置，即"A14:C31"，单击【确定】按钮，就完成了空的数据透视表的创建。如图 4-96 所示。

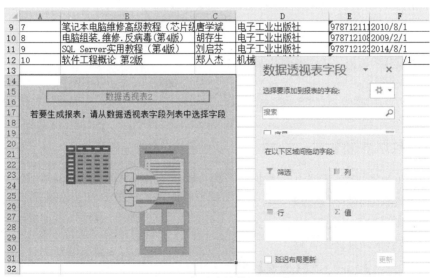

图 4-96　创建空的数据透视表

2. 为数据透视表添加数据

完成数据透视表的创建后，会在工作表的指定区域出现一个空白表格，其中包括为表格添加行标签、列标签、数值项等。具体内容如下。

- 行字段：在数据透视表的行方向显示出来。
- 列字段：在数据透视表的列方向显示出来。

- 页字段：在数据透视表中的上方显示出来，用于"筛选"不同的数据进行统计。
- 数据区域：包含汇总数据的数据透视表单元格。

(1) 如图4-96所示，在工作表右侧的【数据透视表字段】对话框中，通过【选择要添加到报表的字段】列表中，按要求将字段添加到行标签、列标签和求和项中。在对话框中勾选"出版社""定价""数量"和"使用学期"字段项，将"出版社"和"使用学期"添加到【行】选项组，将"数量"和"定价"添加到【值】选项组中，如图4-97所示。

(2) 完成后关闭【数据透视表字段列表】对话框，会出现如图4-98所示的数据透视表。

行标签	▼	求和项:数量	求和项:定价
⊟第1学期		140	91
机械工业出版社		90	63
清华大学出版社		50	28
⊟第2学期		163	141
电子工业出版社		133	103
清华大学出版社		30	38
⊟第3学期		112	139
电子工业出版社		52	45
机械工业出版社		60	94
总计		415	371

图4-97　添加数据透视表字段　　　　图4-98　"图书订购单"数据透视表

4.5.2　创建数据透视图

数据透视图是将数据透视表中的数据图形化，比如条形图、曲线图、圆饼图等，从而能方便地查看、比较和分析数据。例如，对上述"图书订购单"工作表创建数据透视图。

具体操作步骤如下：

(1) 选择数据区域任意单元格。

(2) 单击【插入】选项卡的【图表】功能区中的【数据透视图】按钮，会弹出一个【创建数据透视图】对话框，选择数据区域和数据透视图放置的区域。单击【确定】按钮后会出现和建立数据透视表类似的界面，在原有的基础上增加了一个图表区域，如图4-99所示。

按照生成数据透视表的方法，在工作表右侧【数据透视图字段】对话框【选择要添加到报表的字段】列表中，勾选"出版社""定价""数量"和"使用学期"字段项，将"使用学期"和"出版社"添加到【轴(类别)】选项中，将"数量"和"定价"添加到【值】选项组中，如图4-100所示。

图 4-99　生成数据透视图提示

图 4-100　添加数据透视图字段

设置完成后关闭对话框，出现如图 4-101 所示的数据透视图。图表的布局、样式和各组成元素的格式都可以修改，用户可参考 4.4.3 中"编辑图表"的相关知识。

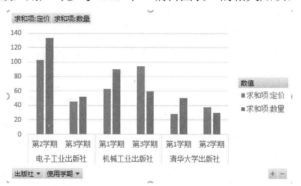

图 4-101　"图书订购单"数据透视图

4.5.3　案例 5 制作"消费者满意度调查表"

通过制作某电脑销售公司"消费者满意度调查表"的数据透视表和数据透视图，巩固前面所学的建立数据透视表和数据透视图的方法。

具体要求如下：

① 对图 4-102 的数据在现有工作表的"J3:O12"区域中建立数据透视表，并建立数据透视图，其中行标签选取"性别"和"学历"列，数值项选取"售前""外观""性能"和"售后"列。数值列：值显示方式为"列汇总的百分比"。数字格式：分类为"百分比"，小数位数为"0"。

② 数据透视表中不显示"行总计"和"列总计"。

③ 数据透视图中图表类型"簇状柱形图",图表布局"布局1",标题为"消费者满意度调查透视图",图表位置当前页。

	A	B	C	D	E	F	G	H	I
1	消费者满意度调查表								
2	序号	姓名	性别	年龄	学历	售前	外观	性能	售后
3	1	张亮	男	20	本科	5	5	4	3
4	2	马芸	女	22	本科	4	4	4	3
5	3	刘莉	女	25	研究生	4	4	4	3
6	4	吴潇	男	18	高中	5	4	4	3
7	5	吴晗	男	19	本科	4	4	4	3
8	6	李煜	男	30	研究生	3	4	4	4
9	7	李治	男	28	研究生	4	5	5	4
10	8	邢铿	男	18	高中	5	5	5	4
11	9	司艳艳	女	21	专科	5	4	4	5
12	10	陆河	男	21	专科	5	4	4	5

图 4-102　消费者满意度调查表

具体操作步骤如下:

(1) 打开 Excel 2016 后,新建工作表,参照图 4-102 中的数据和样式向工作表中添加数据,以"消费者满意度调查表"的名称保存工作表。

(2) 按题目要求建立数据透视表。选中数据区域任意单元格,单击【插入】选项卡的【表格】功能区中的【数据透视表】按钮,在弹出的【创建数据透视表】对话框中设置【请选择要分析的数据】和【选择放置数据透视表的位置】的值,如图 4-103 所示。单击【确定】按钮后生成一个空白的数据表。

(3) 在工作表右侧出现的【数据透视表字段列表】中,把"性别"和"学历"列添加到【行标签】项,把"售前""外观""性能"和"售后"列添加到【数值】项。如图 4-104 所示。

图 4-103　【创建数据透视表】选项

图 4-104　【数据透视表字段列表】选项

(4) 设置完成后会出现如图 4-105 所示的数据透视表，单击【数值】项中的每个列标题后的
▼ 图标，在弹出的子菜单中选择【值字段设置】，弹出如图 4-106 所示对话框。打开【值显示
方式】选项卡，在【值显示方式】下拉菜单中选择【列汇总的百分比】，单击【确定】按钮
即可。

图 4-105 未设置选项的数据透视表

图 4-106 【值字段设置】选项

(5) 右击刚创建的数据透视表，在弹出的子菜单中选择【数据透视表选项】，弹出如图 4-107
所示的对话框，打开【汇总和筛选】选项卡，不要勾选【显示行总计】和【显示列总计】。

(6) 单击【确定】按钮。制作完成的数据透视表如图 4-108 所示。

图 4-107 【数据透视表】选项

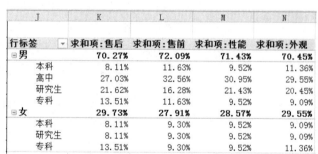

图 4-108 创建完成的数据透视表

(7) 按题目要求建立数据透视图。选择数据区域任意单元格，单击【插入】选项卡的【图
表】功能区中的【数据透视表图】按钮，会弹出一个【创建数据透视图】对话框，选择数据区
域和数据透视图放置的区域。单击【确定】按钮后，在工作表右侧【数据透视表字段列表】中
的【选择要添加到报表的字段】中把"性别"和"学历"列添加到【轴字段(分类)】项，把"售
前""外观""性能"和"售后"列添加到【数值】项。如图 4-109 所示。

(8) 选中数据透视图，在工作表【菜单】中的【数据透视图工具】中添加数据透视图的标
题为"消费者满意度调查透视图"，图表布局为"布局 1"，制作完成的数据透视图如图 4-110

所示。

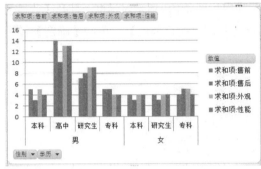

图 4-109　未设置样式的数据透视图

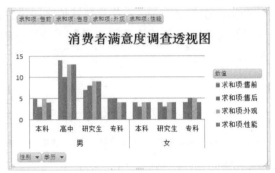

图 4-110　消费者满意度调查透视图

4.6　综合案例1　制作"企业人力资源管理"图表

通过制作"企业人力资源管理"基本信息、图表，巩固本章所学习的 Excel 2016 常用操作。

4.6.1　制作"员工基本信息表"

具体要求如下：

① 参照图 4-111 所示，创建"员工基本信息表"，工作簿名为"企业人力资源管理"，工作表名为"员工基本信息表"。

② 按照图 4-111 所示的数据内容输入数据，其中"工号"数据类型为"文本"，标题为"员工基本信息表"放置在"A1:H1"数据区域，合并并居中。行高为 28 磅。标题文字字体为"宋体加粗"、字体大小为 18 磅、颜色为红色，标题行背景颜色为"蓝色、淡色 80%"。

工号	姓名	性别	所属部门	职务	地址	联系电话	邮箱
20130101	百佳	女	行政部	经理	河北邢台	13012323412	baijia@126.com
20130102	龚秦	男	市场部	经理	河北唐山	18009845623	gongqin@163.com
20130103	王皓雨	男	产品部	经理	山西太原	18612122145	whaoyu@126.com
20130104	白佳丽	女	后勤部	经理	湖北武汉	18823401023	baixiaojia@163.com
20130105	秦晓宇	男	技术一部	技术员	湖南岳阳	18003290001	qinxy@163.com
20130106	冯子振	男	技术二部	技术员	海南	18003390002	fengzz@163.com
20130107	景天	男	行政部	职员	天津	18912340091	jingtian@126.com
20130108	牛子佳	男	行政部	职员	北京	18923410056	niuniu@qq.com
20130109	欧阳雅	女	市场部	职员	浙江杭州	18312340087	ouyang@qq.com
20130110	吉田	男	技术一部	经理	江苏苏州	18802201234	jtian@126.com
20130111	伯仲	男	后勤部	职员	江苏南京	18800021001	bozhong@163.com
20130112	东儿	男	后勤部	职员	河北石家庄	13131102345	donger@126.com
20130113	居然	女	产品部	职员	河南郑州	13123451009	juran@163.com
20130114	那赝者	男	产品部	职员	四川成都	13812345123	nast@qq.com
20130115	屈远	男	市场部	职员	河北石家庄	18902330125	guyuan@126.com

图 4-111　员工基本信息表

③ 设置字段行文字字体为"宋体、加粗"、字体大小为 12 磅，字段行背景颜色为"橙色、淡色 80%"。

④ 设置内容区域"A3:H17"单元格的背景颜色为"橄榄色、淡色 60%"。数据区域"A1:H17"单元格边框颜色为"绿色"。

具体操作步骤：

(1) 打开 Excel 2016，新建工作簿，保存工作簿，工作簿名为"企业人力资源管理"。

(2) 打开 Sheet1 工作表，将 Sheet1 工作表标签重命名为"员工基本信息表"。

(3) 参照图 4-111 所示向工作表中添加数据信息。选中"工号"列和"联系电话"列，右击，打开【设置单元格格式】对话框，切换到【数字】选项卡，在分类中选择【文本】项，单击【确定】按钮即可。

(4) 选中标题行数据区域"A1:H1"，单击【开始】选项卡的【对齐方式】功能区中的【合并后居中】按钮，合并"A1:H1"单元格。单击【单元格】功能区中【格式】命令按钮，在弹出的子菜单中选择【行高】命令项，设置标题行行高为 28 磅。

(5) 右击标题行，在弹出的子菜单中选择【设置单元格格式】命令项，在打开的对话框中选择【字体】选项卡，设置字体：加粗、字体大小为 18 磅、颜色为红色，打开【填充】选项卡，设置背景颜色："蓝色、淡色 80%"。

(6) 选择"A2:H2"单元格，参照第 5 步，设置单元格中字体：宋体、加粗、字体大小为 12 磅，设置单元格背景颜色为"橙色、淡色 80%"。

(7) 选择"A3:H17"单元格，右击，在弹出的子菜单中选择【设置单元格格式】命令项，在打开的对话框中选择【填充】选项卡，设置背景颜色为"橄榄色、淡色 60%"。

(8) 选择"A1:H17"单元格，右击，在弹出的子菜单中选择【设置单元格格式】命令项，在打开的对话框中选择【边框】选项卡设置单元格边框颜色为"绿色"。

4.6.2 对"员工基本信息表"进行数据处理

具体要求如下：

① 对"员工基本信息表"的数据进行排序，要求按照主要关键字"所属部门"，次序为升序排序，按照次要关键字"职务"，次序为升序进行排序。

② 在 Sheet2 对中数据进行自动筛选，要求筛选出所有职务为"经理"，性别为"女"的员工信息。

③ 在 Sheet3 对数据进行高级筛选，要求筛选出所属部门为"产品部"，并且职务为"职员"的员工信息，条件区域在"A19:B20"单元格中，在原有区域显示筛选结果。

具体操作步骤如下：

(1) 打开"员工基本信息表"，选取数据区域任意单元格，单击【数据】选项卡的【排序和筛选】功能区中的【排序】按钮，单击【添加条件】按钮添加次要关键字，设置主要关键字为"所属部门"、排序依据用默认值、次序为"升序"，【次要关键字】为"职务"、排序依据用默认值、次序为升序。如图 4-112 所示。

图 4-112　【排序】条件设置

(2) 把"员工基本信息表"中的所有数据复制到 Sheet2 工作表，选取数据区域任意单元格，在【数据】选项卡的【排序和筛选】功能区中选择【筛选】按钮，在每个字段名后会出现一个下拉按钮，单击"职务"字段右边下拉按钮，在弹出的列表中只勾选"经理"项，单击【确定】按钮。再单击"性别"字段右边下拉按钮，在弹出的列表只勾选"女"项，单击【确定】按钮即可，筛选后的结果如图 4-113 所示。

	A	B	C	D	E	F	G	H
1				员工基本信息表				
2	工号 ▾	姓名 ▾	性别 ▾	所属部 ▾	职务 ▾	地址 ▾	联系电话 ▾	邮箱 ▾
6	20130101	白佳	女	行政部	经理	河北邢台	13012323412	baijia@126.com
9	20130104	白佳丽	女	后勤部	经理	湖北武汉	18823401023	baixiaojia@163.com

图 4-113　自动筛选结果

(3) 把"员工基本信息表"中的所有数据复制到 Sheet3 工作表，在"A19:B20"单元格中设置高级筛选条件，如图 4-114 所示。选取数据区域任意单元格，单击【数据】选项卡的【排序和筛选】功能区中的【高级】按钮，在弹出的对话框中设置：选择【在原有区域显示筛选结果】、列表区域"A2:H17"、条件区域："A19:B20"，单击【确定】按钮即可，高级筛选结果如图 4-115 所示。

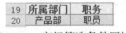

19	所属部门	职务
20	产品部	职员

图 4-114　高级筛选条件区域

	A	B	C	D	E	F	G	H
1				员工基本信息表				
2	工号	姓名	性别	所属部门	职务	地址	联系电话	邮箱
5	20130114	那斯者	男	产品部	职员	四川成都	13812345123	nast@qq.com
18								
19	所属部门	职务						
20	产品部	职员						

图 4-115　高级筛选最终结果

4.6.3　制作"员工全年工资表"图表

具体要求如下：

① 按图 4-116 所示建立"员工全年工资表"，包括输入标题、字段名、数据，将标题行按照图中所示合并单元格。

	A	B	C	D	E	F	G	H	I	J	K	L	M	N	O	P	Q	R	S	T	U
1	员工全年工资表																				
2	工号	姓名	所属部门	职务	1月	2月	3月	4月	5月	6月	7月	8月	9月	10月	11月	12月	年终奖	总计	排名	平均工资	员工等级
3	20130101	百佳	行政部	经理	5000	5100	5000	5000	5400	5000	4900	4900	5200	5100	5300	5800	50000				
4	20130102	龚秦	市场部	经理	5000	4800	4900	5000	5000	5100	4800	4800	5200	5200	5300	5600	50000				
5	20130103	王皓雨	产品部	经理	5000	5000	5200	5100	5200	5100	4700	4600	5200	5300	5500	5400	50000				
6	20130104	白佳丽	后勤部	经理	5000	5100	5200	5200	5100	5000	4800	4800	5200	5500	5500	5700	50000				
7	20130105	秦晓宇	技术一部	技术员	3000	3000	3200	3000	3200	5200	2900	2900	3100	3500	3100	3400	30000				
8	20130106	冯子振	技术二部	技术员	3000	3100	3200	3200	3180	3000	2900	2900	3100	3800	3100	3200	30000				
9	20130107	景天	行政部	职员	2800	2900	2800	2900	3150	2900	2700	2700	2900	3000	2900	2900	26000				
10	20130108	牛子佳	行政部	职员	2800	2950	2900	2900	3000	3100	2700	2700	2900	3100	3200	3100	26000				
11	20130109	欧阳雅	市场部	职员	2800	3050	2890	2890	2900	2980	2780	2780	2900	3400	3300	3000	26000				
12	20130110	吉田	技术一部	经理	5000	5200	5200	5100	5200	5100	4800	4800	5100	6000	5900	5900	50000				
13	20130111	伯仲	后勤部	职员	2800	2900	2980	2980	2800	2500	2600	2600	2900	3000	3000	3000	26000				
14	20130112	东儿	后勤部	职员	2800	2800	2980	2980	2900	2800	2600	2550	2950	2900	3000	3000	26000				
15	20130113	居然	产品部	职员	2800	2700	2960	2800	2800	2980	2700	2700	2960	2900	3000	3000	26000				
16	20130114	那厮沓	产品部	职员	2800	2750	2850	2850	2850	2984	2700	2650	2880	3000	3200	3300	26000				
17	20130115	屈远	市场部	职员	2800	2750	2850	2800	2800	2684	2800	2800	2880	3000	2900	3200	26000				
18	最高值																				
19	最低值																				
20		行政部		经理																	
21		市场部		技术员																	
22		产品部		职员																	
23		后勤部																			
24		技术一部																			
25		技术二部																			

图 4-116　员工全年工资表

② 利用函数计算总计工资、平均工资、每月员工工资的最高值、最低值。其中平均工资为数值型数据，保留小数点后 1 位有效数字。

③ 利用 RANK 函数计算每个员工的排名，计算员工的工资等级，如果年收入超过 90000，为“优秀员工”，否则是“合格员工”。

④ 在“C20:C25”数据区域使用 SUMIF 函数中计算行政部、市场部等部门的年收入，使用 COUNTIF 函数统计“员工全年工资表”中经理、技术员、职员的数量。

⑤ 对数据进行排序，要求按主要关键字“所属部门”进行升序排序。并对数据进行分类汇总，汇总条件是：分类字段为“所属部门”，汇总方式为“求和”，汇总项为“年终奖”列和“总计”列，汇总结果显示在数据下方。

⑥ 将分类汇总的结果“所属部门”“年终奖”“总计”所在的列创建图表，要求建立“带数据标记的堆积折线图”，其中 X 轴上的项为“所属部门”，在图表的上方添加图表标题为“各部门员工工资统计图”的标题，图表布局是“布局 5”，没有垂直轴标题，并插入到表的“G25:P38”区域。

具体操作步骤：

(1) 如图 4-116 建立名为“员工全年工资表”的工作簿，并将 Sheet1 重命名为“员工全年工资表”。

(2) 参照图 4-116 的内容输入表格的标题、字段名和数据内容，其中标题按要求合并单元格后居中。

(3) 使用 SUM 函数计算总计列。选中 R3 单元格，单击编辑框旁边的 fx 图标，在弹出的【插入函数】对话框中选择 SUM 函数，在【函数参数】中的【Number1】中输入求和范围为“E3:Q3”，单击【确定】按钮即可。拖动 R3 右下角小方块计算“R4:R17”单元格的值。如图 4-117 所示。

(4) 使用 AVERAGE 函数计算平均工资，方法与计算总计工资相同。拖动 T3 右下角小方块计算“T4:T17”单元格的值，选中“T3:T17”数据区域，右击在弹出的【设置单元格格式】对话框中的【数字】选项卡中，选择【数值】，然后选择【小数位数】为“1”，单击【确定】按钮。使用 MAX 和 MIN 函数分别计算最高值和最低值。计算区域为“E3:E17”。计算结果如图 4-118 所示。

SUM | =SUM(E3:Q3)

员工全年工资表

工号	姓名	所属部门	职务	1月	2月	3月	4月	5月	6月	7月	8月	9月	10月	11月	12月	年终奖	总计
20130101	百佳	行政部	经理	5000	5100	5000	5000	5400	5000	4900	4900	5200	5100	5300	5800		=SUM(E3:Q3)
20130102	龚泰	市场部	经理	5000	4800	4900	5000	5000	5100	4800	4800	5200	5200	5300	5600	50000	110700
20130103	王皓雨	产品部	经理	5000	5000	5200	5100	5200	5100	4700	4600	5200	5300	5500	5400	50000	111300
20130104	白佳丽	后勤部	经理	5000	5100	5200	5200	5100	5000	4800	4800	5200	5500	5500	5700	50000	112100
20130105	秦晓宇	技术一部	技术员	3000	3000	3200	3000	3200	5200	2900	2900	3100	3500	3100	3400	30000	69500
20130106	冯子振	技术二部	技术员	3000	3100	3200	3200	3180	3000	2900	2900	3100	3800	3100	3200	30000	67680
20130107	景天	行政部	职员	2800	2900	2800	2900	3150	2900	2700	2700	2900	3000	2900	2900	26000	60550
20130108	牛子佳	行政部	职员	2800	2950	2900	2900	3000	3100	2700	2700	2900	3100	3200	3100	26000	61350
20130109	欧阳雅	市场部	职员	2800	3050	2890	2890	2900	2980	2780	2780	2900	3400	3300	2900	26000	61670
20130110	吉田	技术一部	经理	5000	5200	5200	5100	5200	5100	4800	4800	5100	6000	5900	5900	50000	113300
20130111	伯仲	后勤部	职员	2800	2900	2980	2980	2900	2500	2600	2600	2900	3000	3000	3000	26000	60060
20130112	东儿	后勤部	职员	2800	2800	2980	2980	2900	2800	2600	2550	2950	2900	3000	3000	26000	60260
20130113	居然	产品部	职员	2800	2700	2960	2800	2900	2500	2700	2600	2960	2900	3000	3000	26000	60300
20130114	那厮音	产品部	职员	2800	2750	2850	2850	2984	2700	2650	2880	3000	3200	3300		26000	60814
20130115	屈远	市场部	职员	2800	2750	2850	2800	2800	2684	2800	2800	2880	3000	2900	3200	26000	60264

图 4-117　使用 SUM 公式计算值总计

员工全年工资表

工号	姓名	所属部门	职务	1月	2月	3月	4月	5月	6月	7月	8月	9月	10月	11月	12月	年终奖	总计	排名	平均工资
20130101	百佳	行政部	经理	5000	5100	5000	5000	5400	5000	4900	4900	5200	5100	5300	5800	50000	111700		5141.7
20130102	龚泰	市场部	经理	5000	4800	4900	5000	5000	5100	4800	4800	5200	5200	5300	5600	50000	110700		5058.3
20130103	王皓雨	产品部	经理	5000	5000	5200	5100	5200	5100	4700	4600	5200	5300	5500	5400	50000	111300		5108.3
20130104	白佳丽	后勤部	经理	5000	5100	5200	5200	5100	5000	4800	4800	5200	5500	5500	5700	50000	112100		5175.0
20130105	秦晓宇	技术一部	技术员	3000	3000	3200	3000	3200	5200	2900	2900	3100	3500	3100	3400	30000	69500		3291.7
20130106	冯子振	技术二部	技术员	3000	3100	3200	3200	3180	3000	2900	2900	3100	3800	3100	3200	30000	67680		3140.0
20130107	景天	行政部	职员	2800	2900	2800	2900	3150	2900	2700	2700	2900	3000	2900	2900	26000	60550		2879.2
20130108	牛子佳	行政部	职员	2800	2950	2900	2900	3000	3100	2700	2700	2900	3100	3200	3100	26000	61350		2945.8
20130109	欧阳雅	市场部	职员	2800	3050	2890	2890	2900	2980	2780	2780	2900	3400	3300	2900	26000	61670		2972.5
20130110	吉田	技术一部	经理	5000	5200	5200	5100	5200	5100	4800	4800	5100	6000	5900	5900	50000	113300		5275.0
20130111	伯仲	后勤部	职员	2800	2900	2980	2980	2900	2500	2600	2600	2900	3000	3000	3000	26000	60060		2838.3
20130112	东儿	后勤部	职员	2800	2800	2980	2980	2900	2800	2600	2550	2950	2900	3000	3000	26000	60260		2855.0
20130113	居然	产品部	职员	2800	2700	2960	2800	2900	2500	2700	2600	2960	2900	3000	3000	26000	60300		2858.3
20130114	那厮音	产品部	职员	2800	2750	2850	2850	2984	2700	2650	2880	3000	3200	3300		26000	60814		2901.2
20130115	屈远	市场部	职员	2800	2750	2850	2800	2800	2684	2800	2800	2880	3000	2900	3200	26000	60264		2855.3
最高值				5000	5200	5200	5200	5400	5200	4900	4900	5200	6000	5900	5900	50000	113300		
最低值				2800	2700	2800	2800	2800	2500	2600	2550	2880	2900	2900	2900	26000			

图 4-118　计算总计、平均工资、最高值和最低值后的结果

(5) 计算员工的排名。单击 S3 单元格，按照找到 SUM 函数的方法进入到【插入函数】对话框，使用【转到】功能找到 RANK 函数后，单击【确定】按钮进入到【函数参数】对话框，在【Number】中输入"R3"。在【Ref】中输入"R\$3:R\$18"。在【Order】中输入"0"。单击【确定】按钮，拖动 S3 右下角小方块计算"S4:S17"单元格的值。按员工的收入总计划分员工等级，单击 U3 单元格后，按上述方法选择 IF 函数后在【Logic_test】中输入判断条件"R3>=90000"，在【Value_if_true】中输入条件为真时的结果"优秀员工"，在【Value_if_false】中输入条件为假时的结果"合格员工"。拖动 U3 右下角小方块计算"U4:U17"单元格的值。

(6) 计算各部门的年收入。单击 C20 单元格，按照找到 RANK 函数的方法，找到 SUMIF 函数后进入到【函数参数】对话框，在【Range】中输入统计范围"C3:C17"，在【Criteria】中输入"行政部 "。在【Sum_Range】中输入"R3:R17"。单击【确定】按钮后，用相同的方法计算出其他部门的收入总计。计算经理、技术员、职员的数量，首先选中 E20 单元格，按照找到 RANK 函数的方法找到 COUNTIF 函数后进入到【函数参数】对话框，在【Range】中输入统计范围"D3:D17"，在【Criteria】中输入"经理 "。单击【确定】按钮后，按照类似的方法计算出技术员、职员的数量。计算结果如图 4-119 所示。

(7) 对计算好的数据进行排序和分类汇总。选中数据区域，在【数据】选项卡的【排序和筛选】功能区中选择【排序】按钮，选择【主要关键字】为"所属部门"，次序为【升序】排序。在【数据】选项卡的【分级显示】功能区中选择【分类汇总】按钮，设置【分类字段】为"所属部门"，【汇总方式】为"求和"，【汇总项】为"年终奖"列和"总计"列，勾选【汇总结果显示在数据下方】选项，单击【确定】按钮即可完成分类汇总。结果如图 4-120 所示。

员工全年工资表

工号	姓名	所属部门	职务	1月	2月	3月	4月	5月	6月	7月	8月	9月	10月	11月	12月	年终奖	总计	排名	平均工资	员工等级
20130101	百佳	行政部	经理	5000	5100	5000	5000	5400	5000	4900	4900	5200	5100	5300	5800	50000	111700	4	5141.7	优秀员工
20130102	龚泰	市场部	经理	5000	4800	4900	5000	5100	5100	4800	4800	5200	5200	5300	5600	50000	110700	6	5058.3	优秀员工
20130103	王皓雨	产品部	经理	5000	5000	5200	5100	5200	5100	4700	4600	5200	5300	5500	5400	50000	111300	5	5108.3	优秀员工
20130104	白佳丽	后勤部	经理	5000	5100	5200	5200	5100	5000	4800	4800		5500	5500	5700	50000	112100	3	5175.0	优秀员工
20130105	秦晓宇	技术一部	技术员	3000	3000	3200	3000	3200	5200	2900	2900	3100	3500	3100	3400	30000	69500	7	3291.7	合格员工
20130106	冯子振	技术二部	技术员	3000	3100	3200	3200	3180	3000	2900	2900	3100	3800	3100	3200	30000	67680	8	3140.0	合格员工
20130107	景天	行政部	职员	2800	2900	2800	2900	3150	2900	2700	2700	2900	3000	2900	2600	26000	60550	12	2879.2	合格员工
20130108	牛子佳	行政部	职员	2800	2950	2900	2900	3000	3100	2700	2780	2900	3100	3200	3100	26000	61350	10	2945.8	合格员工
20130109	欧阳雅	市场部	职员	2800	3050	2890	2890	2900	2980	2780	2780	2900	3400	3300	3000	26000	61670	9	2972.5	合格员工
20130110	吉田	技术一部	经理	5000	5200	5200	5100	5200	5100	4800	4800	5100	6000	5900	5900	50000	113300	1	5275.0	优秀员工
20130111	伯仲	后勤部	职员	2800	2800	2980	2980	2900	2500	2600	2600	2900	3000	3000	3000	26000	60060	16	2838.3	合格员工
20130112	东儿	后勤部	职员	2800	2800	2980	2980	2900	2800	2600	2550	2950	2900	3000	3000	26000	60260	15	2855.0	合格员工
20130113	居然	产品部	职员	2800	2700	2960	2800	2980	2980	2700	2700	2900	2900	3000	3000	26000	60300	13	2858.3	合格员工
20130114	那斯音	产品部	职员	2800	2750	2850	2850	2850	2984	2700	2650	2880	3000	3200	3300	26000	60814	11	2901.2	合格员工
20130115	屈远	市场部	职员	2800	2750	2850	2850	2800	2684	2800	2800	2880	3000	2900	3200	26000	60264	14	2855.3	合格员工
	最高值			5000	5200	5200	5200	5400	5200	4900	4900	5200	6000	5900	5900	50000	113300	1		
	最低值			2800	2700	2800	2800	2800	2500	2600	2550	2880	2900	2900	2900	26000				
	行政部	233600	经理	5																
	市场部	232634	技术员	2																
	产品部	232414	职员	8																
	后勤部	232420																		
	技术一部	182800																		
	技术二部	67680																		

图 4-119　数据计算最后结果

员工全年工资表

工号	姓名	所属部门	职务	1月	2月	3月	4月	5月	6月	7月	8月	9月	10月	11月	12月	年终奖	总计	排名	平均工资	员工等级
20130103	王皓雨	产品部	经理	5000	5000	5200	5100	5200	5100	4700	4600	5200	5300	5500	5400	50000	111300	9	5108.3	优秀员工
20130113	居然	产品部	职员	2800	2700	2960	2800	2980	2980	2700	2700	2960	2900	3000	3000	26000	60300	16	2858.3	合格员工
20130114	那斯音	产品部	职员	2800	2750	2850	2850	2850	2984	2700	2650	2880	3000	3200	3300	26000	60814	16	2901.2	合格员工
		产品部 汇总														102000	232414			
20130101	百佳	行政部	经理	5000	5100	5000	5000	5400	5000	4900	4900	5200	5100	5300	5800	50000	111700	8	5141.7	优秀员工
20130107	景天	行政部	职员	2800	2900	2800	2900	3150	2900	2700	2700	2900	3000	2900	2600	26000	60550	17	2879.2	合格员工
20130108	牛子佳	行政部	职员	2800	2950	2900	2900	3000	3100	2700	2780	2900	3100	3200	3100	26000	61350	15	2945.8	合格员工
		行政部 汇总														102000	233600			
20130104	白佳丽	后勤部	经理	5000	5100	5200	5200	5100	5000	4800	4800		5500	5500	5700	50000	112100	7	5175.0	优秀员工
20130111	伯仲	后勤部	职员	2800	2800	2980	2980	2900	2500	2600	2600	2900	3000	3000	3000	26000	60060	20	2838.3	合格员工
20130112	东儿	后勤部	职员	2800	2800	2980	2980	2900	2800	2600	2550	2950	2900	3000	3000	26000	60260	20	2855.0	合格员工
		后勤部 汇总														102000	232420			
20130106	冯子振	技术二部	技术员	3000	3100	3200	3200	3180	3000	2900	2900	3100	3800	3100	3200	30000	67680	12	3140.0	合格员工
		技术二部 汇总														30000	67680			
20130105	秦晓宇	技术一部	技术员	3000	3000	3200	3000	3200	5200	2900		3100	3500	3100	3400	30000	69500	11	3291.7	合格员工
20130110	吉田	技术一部	经理	5000	5200	5200	5100	5200	5100	4800	4800	5100	6000	5900	5900	50000	113300	6	5275.0	优秀员工
		技术一部 汇总														80000	182800			
20130102	龚泰	市场部	经理	5000	4800	4900	5000	5100	5100	4800	4800	5200	5200	5300	5600	50000	110700	10	5058.3	优秀员工
20130109	欧阳雅	市场部	职员	2800	3050	2890	2890	2900	2980	2780	2780	2900	3400	3300	3000	26000	61670	14	2972.5	合格员工
20130115	屈远	市场部	职员	2800	2750	2850	2850	2800	2684	2800	2800	2880	3000	2900	3200	26000	60264	19	2855.3	合格员工
	最高值			5000	5200	5200	5200	5400	5200	4900	4900	5200	6000	5900	5900	102000	233600	1		
	最低值			2800	2700	2800	2800	2800	2500	2600	2550	2880	2900	2900	2900	26000				

图 4-120　分类汇总结果

(8) 对分类汇总的结果建立图表。选取"所属部门""年终奖""总计"所在的汇总列，单击【插入】选项卡的【图表】功能区中的【折线图】按钮，选择【二维折线图】命令中【带数据标记的折线图】，在【图表工具】选项卡的【布局】下添加名为"各部门员工工资统计图"的标题，位于图表上方。在【设计】选项卡中选择【图表布局】中的"布局 5"，删除垂直轴标题。将图表插入到表的"G25:P38"区域。创建的图表结果如图 4-121 所示。

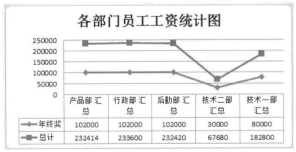

图 4-121　各部门员工工资统计图

4.6.4　制作"员工年度考核表"的数据透视表和数据透视图

具体要求如下：

① 按图 4-122 的内容建立"员工年度考核表"。

② 在"G3:N21"数据区域中创建数据透视表，要求行标签选取"所属部门"列，数值项选取"品德"列、"业绩"列、"能力"列和"态度"列，报表筛选"职务"列。

③ 创建数据透视图，要求图表类型"三维柱形图"，图表布局"布局3"，图表样式"样式2"，图表标题为"员工年度考核图"，图表位置：当前页。

图 4-122　员工年终考核表

具体操作步骤：

(1) 按图 4-122 的内容建立"员工年度考核表"。

(2) 按照题目要求创建数据透视表。选取工作表数据区域任意单元格，单击【插入】选项卡的【表格】功能区中的【数据透视表】按钮，在工作表右侧的【数据透视表字段列表】对话框中设置：【行标签】选取"所属部门"列，【数值】项选取"品德"列、"业绩"列、"能力"列和"态度"列，报表筛选"职务"列。设置完成后关闭【数据透视表字段列表】对话框。创建完成的数据透视表如图 4-123 所示。

图 4-123　"员工年度考核表"数据透视表

(3) 按照题目要求创建数据透视图。选取工作表数据区域任意单元格，单击【插入】选项卡的【图表】功能区中的【数据透视图】按钮，在工作表右侧的【数据透视表字段列表】对话框中参照(2)中操作设置对话框的相应列表值。关闭【数据透视表字段列表】后在【插入】选项卡中的【图表】功能区选择【三维柱形图】命令。在【图标工具-设计】选项卡中，设置图表布局为"布局 3"，图表样式为"样式 2"，修改图表标题为"员工年度考核图"。创建的图表结果如图 4-124 所示。

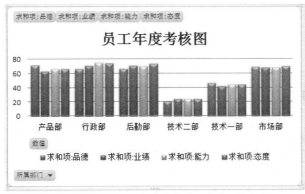

图 4-124　"员工年度考核表"数据透视图

【思考练习】

1. 将 Excel 2016 最近使用的文件列表数设置为 7 项。

2. 在打印多于一页的工作表时，若希望在每页的第一行都打印出表头(指定的字段名)，该如何设置？

3. 如果当前列的数据是由其左边相邻的列的数据值通过公式计算得到，能否做到删除其相邻列，而保留当前列的值？如果可以，该如何操作？

第 5 章

PowerPoint 2016应用

PowerPoint 2016 是微软公司开发的 Office 办公组件之一，是便捷的创建演示文稿工具软件。它操作简便，共享性强，支持视频和声音，可以协助用户将文字、图片、表格、图表、音乐、视频等内容排列组合，直观地呈现给观看者。

【学习目标】

- PowerPoint 2016 的启动、退出、新增功能和环境介绍
- 演示文稿的基本操作
- 演示文稿的视图类型，以及幻灯片基本操作，包括幻灯片的增、删、移动、复制、粘贴和版式的修改
- 演示文稿主题的应用、背景设置及模板应用
- 幻灯片的美化，包括图片、文本框、形状、艺术字、图片的插入和修改
- 幻灯片动画的设计，包括动画制作、超链接的插入及幻灯片的切换与放映
- 演示文稿色彩与构图上的设计及注意事项

5.1 认识 PowerPoint 2016

5.1.1 PowerPoint 2016 应用领域

1. 使用 PowerPoint 2016 的缘由

PowerPoint 2016 在日常办公展示方面的应用最为广泛。根据调查数据显示，PowerPoint 2016 制作的演示文稿效果其实并没有专业软件制作效果好，但为什么还能成为最常用的演示文稿制作软件？其原因主要在以下几方面。

① 制作效率最高的软件：与同类软件相比，PowerPoint 2016 在动画制作方面是效率最高的，因为对于相同的内容格式和动画，可以使用格式刷、动画刷和幻灯片母版快速设置相同的

效果，这样可以大大提高制作效率。

② 花费成本最低的软件：使用 PowerPoint 2016 软件制作演示文稿花费时间少，制作速度快，成本低，因此被越来越多的用户接受和应用。

③ 应用领域最广的软件：随着 PowerPoint 2016 软件的版本更新，PowerPoint 2016 的应用领域越来越广，在工作总结、项目展示、工作汇报、产品宣传、企业推广、课件制作、自我推荐等方面都发挥着重要作用。

④ 修改最容易的软件：PowerPoint 2016 的易修改性是用户欢迎的另一特质，这一特质可以让用户随时随地根据需求修改演示文稿。

⑤ 演示最方便的软件：PowerPoint 2016 作为演示型制作软件，在演示的手段上是多方面的，可以使用鼠标、键盘操作，也可以自动播放，可以与观众面对面沟通交流，也可通过屏幕投影向众多观众演示，还可以打包发送给客户自行浏览。

⑥ 互动性最强的软件：PowerPoint 2016 制作的演示文稿的另一大特征就是互动性强，强大的互动性可以创造一个和谐的演示氛围。

2. PowerPoint 2016 的应用领域

随着电子产品的普及，PowerPoint 2016 的应用越来越广泛。它是公司宣传、会议报告、产品推广、培训、教学课件等演示文稿制作的首选应用软件，深受大众的青睐。以下是它的几种主要用途。

1) 商业多媒体演示

PowerPoint 2016 软件可以给商业活动提供一个内容丰富的多媒体产品或服务的演示的平台。通过 PowerPoint 2016 软件制作的演示文稿既能清楚地展示出要培训的内容，又能吸引员工的注意力提高讲解效果，还能记录会议要点，动态地展示策划方案，集文字、图形、声音和视频于一体，提高宣传画面的生动性。如图 5-1 所示。

2) 教学多媒体演示

随着笔记本计算机、幻灯片、投影仪等多媒体教学设备的普及，越来越多的教师开始使用这些数字化的设备向学生提供板书、讲义等内容，通过文字、图形、声音、视频等多种表现形式增强教学的趣味性，激发学生的学习兴趣。如图 5-2 所示。

图 5-1　商业多媒体演示

图 5-2　教学多媒体演示

3) 个人简介演示

PowerPoint 2016 软件的功能强大和易操作使得很多用户都可以轻松方便地使用它。有很多的求职者通过 PowerPoint 2016 软件来设计自己的个人简历，以丰富的多媒体内容和生动活泼的表现形式引起用人单位的重视。如图 5-3 所示。

4) 娱乐多媒体演示

由于 PowerPoint 2016 软件支持文本、图像、动画、音频和视频等多种媒体内容集成，因此，很多用户在生活中也使用 PowerPoint 2016 软件制作娱乐性的演示文稿，例如相册，漫画集等。如图 5-4 所示。

图 5-3　个人简介多媒体演示

图 5-4　娱乐多媒体演示

5.1.2　PowerPoint 2016 窗口操作

1. PowerPoint 2016 的启动和退出

PowerPoint 2016 是标准的 Windows 类软件，它的启动和退出遵循 Windows 的操作规范，根据不同的情况，有多种启动和退出 PowerPoint 2016 的方法。

2. PowerPoint 2016 的操作界面

启动 PowerPoint 2016 后将进入其工作界面，熟悉其工作界面各组成部分是制作演示文稿的基础。工作界面的组成部分有标题栏、【文件】菜单、功能选项卡、快速访问工具栏、功能区、视图窗格、幻灯片编辑区、备注窗格和状态栏等，如图 5-5 所示。

3. PowerPoint 2016 的窗口组成

PowerPoint 2016 工作界面各主要组成部分的作用介绍如下。

标题栏：位于 PowerPoint 2016 工作界面的顶部，它的作用是显示演示文稿名称和程序名称，最右侧的 3 个按钮分别用于对窗口执行最小化、最大化和关闭操作。

快速访问工具栏：快速访问工具栏上提供了最常用的【保存】按钮、【撤销】按钮、【恢复】按钮、【幻灯片放映】按钮，单击按钮即可执行相应的操作。如需在快速访问工具栏中添加其他功能按钮，可单击其后的黄色小按钮，在弹出的下拉列表中选择所需的功能即可，如图 5-6 所示。【撤销】按钮右侧的下拉箭头可以选择撤销的具体操作。

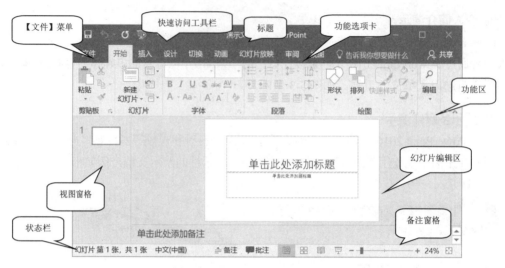

图 5-5　PowerPoint2016 操作界面

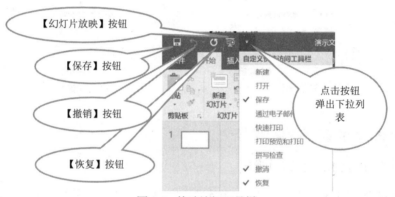

图 5-6　快速访问工具栏

【文件】菜单：用于执行 PowerPoint 2016 演示文稿的新建、打开、保存和关闭等基本操作；单击【文件】菜单后打开的界面，如图 5-7 所示。在此工作界面能够看见最近打开过的文件，单击【恢复未保存的演示文稿】按钮可以保存最近一次未保存关闭的演示文稿。

图 5-7　【文件】菜单界面

　　功能选项卡：相当于菜单命令。PowerPoint 2016 把所有命令按钮集成在几个功能选项卡中，单击某个功能选项卡可切换到相应的功能区。

　　功能区：每个功能选项卡都有相应的功能区，在功能区中有多个自动适应窗口大小的工具栏，不同的工具栏中又放置了与此相关的命令按钮或列表框。有些工具栏中带有小箭头图标，单击小箭头图标可以打开相对应的功能对话框。

　　视图窗格：用于显示演示文稿的幻灯片位置和数量，通过它能够更加方便地掌握整个演示文稿的结构。视图不同幻灯片显示的方式也不同，如图 5-8 所示。

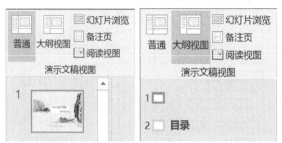

图 5-8　视图窗格

　　幻灯片编辑区：是整个工作界面的核心功能区，用于编辑和展示幻灯片，在其中可输入文字内容、插入图片和设置动画效果等，是使用 PowerPoint 2016 制作演示文稿的操作平台。

　　备注窗格：位于幻灯片编辑区下方，可供幻灯片制作者在制作演示文稿时对需要的幻灯片添加说明和注释，给演讲者演讲和查阅幻灯片信息带来便利。

　　状态栏：位于工作界面最下方，用于显示演示文稿中所选的当前幻灯片以及幻灯片总张数、幻灯片采用的主题名称、使用的语言、视图切换按钮以及页面显示比例等。如图 5-9 所示。

图 5-9　状态栏内容

4. PowerPoint 2016 的视图

　　用户在演示文稿编辑和查看过程中会有不同的需求，为了满足需求，PowerPoint 2016 提供了多种视图模式方便用户编辑和查看幻灯片，单击工作界面下方状态栏上的视图切换按钮即可切换到不同的视图模式。下面对各视图进行介绍。

　　普通视图：普通视图是 PowerPoint 2016 默认视图模式，在该视图中可以同时显示幻灯片编辑区、视图模式显示窗格以及备注窗格。它主要用于调整演示文稿的结构及编辑单张幻灯片中的内容。

　　幻灯片浏览视图：幻灯片浏览视图模式的主要用来浏览幻灯片在演示文稿中的整体结构和效果。在该模式下能够改变幻灯片的版式和结构，比如更换演示文稿的背景、移动或复制幻灯片等，但不能对单张幻灯片的具体内容进行编辑。如图 5-10 所示。

　　阅读视图：该视图模式仅显示标题栏、阅读区和状态栏，主要用于浏览幻灯片的内容。在该模式下，演示文稿中的幻灯片将以窗口大小进行放映。如图 5-11 所示。

幻灯片放映视图：在该视图模式下，演示文稿中的幻灯片将以全屏动态放映。该模式主要用于预览制作完成后的幻灯片的放映效果，这样可以测试插入的动画、声音播放的效果等，还可以及时对在放映过程中不满意的地方进行修改，在放映过程中标注出重点，观察每张幻灯片的切换效果等。

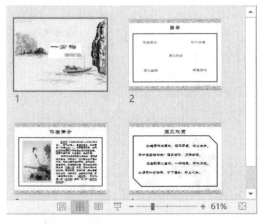

图 5-10　幻灯片浏览视图　　　　　　　　图 5-11　阅读视图

备注页视图：在此视图模式下显示幻灯片和其备注信息，可以对备注信息进行编辑。如图 5-12 所示。

图 5-12　备注页视图

5.2　PowerPoint 2016 应用软件基本操作

5.2.1　演示文稿的基本操作

在 PowerPoint 2016 中，创建的幻灯片都保存在演示文稿中，因此，用户首先应该了解和熟悉演示文稿的基本操作。PowerPoint 2016 可以创建多个演示文稿，而在演示文稿中又可以插入多个幻灯片。下面就对演示文稿的基本操作进行讲解。

1. 创建空白演示文稿

启动 PowerPoint 2016 后，系统会自动创建一个空白演示文稿。除此之外，还可通过命令按钮或快捷菜单创建空白演示文稿，操作方法如下。

①　通过快捷菜单创建：在桌面空白处右击，在弹出的快捷菜单中选择【新建】→【Microsoft PowerPoint 演示文稿】命令，在桌面上将新建一个空白演示文稿，如图 5-13 所示。

②　通过命令创建：启动 PowerPoint 2016 后，单击【文件】菜单中的【新建】命令，在【新建】栏中单击【空白演示文稿】按钮即可创建一个空白演示文稿，如图 5-14 所示。

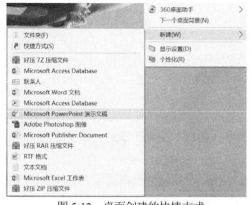

图 5-13　桌面创建的快捷方式

图 5-14　命令按钮创建方式

③　通过快捷键新建空白演示文稿：启动 PowerPoint 2016 后，使用快捷键【Ctrl+N】可快速新建一个空白演示文稿。

2. 利用模板创建演示文稿

PowerPoint 2016 根据内容提供了一些格式制作完成的演示文稿，这些演示文稿被称作模板。PowerPoint 2016 提供了联机搜索模板和主题功能，可以通过互联网搜索寻找符合需求的模板。对于制作演示文稿的新手，可利用这些提供的模板来进行创建，其方法与通过命令按钮创建空白演示文稿的方法类似。启动 PowerPoint 2016，选择【文件】菜单中【新建】命令，在打开的文件界面右侧选择所需的模板，单击所选模板打开模板浏览窗口，单击【创建】命令即可创建一个带模板的演示文稿，如图 5-15 所示。

图 5-15　利用模板创建方式

3. 打开演示文稿

对于已经创建的演示文稿，用户在需要查看或编辑时，就需要先打开该演示文稿。打开演示文稿的方法有以下几种：

①　启动 PowerPoint 2016 后，单击【文件】菜单中的【打开】命令，在文件界面右侧显示

最近使用过的文件名称，选择所需的文件即可打开该演示文稿。

② 单击【文件】菜单中【打开】命令，在文件界面中部单击【浏览】命令，弹出【打开】对话框，选择所需的演示文稿后，单击【打开】按钮即可。

③ 进入演示文稿所在的文件夹，双击该文件即可打开演示文稿。

5.2.2　幻灯片的基本操作

在 PowerPoint 2016 中，所有的文本、动画和图片等数据都在幻灯片中做处理，而幻灯片则包含在演示文稿中。学习了演示文稿的基本操作后，下面就来学习幻灯片的基本操作。

1. 新建幻灯片

演示文稿是由多张幻灯片组成的，用户可以根据需要在演示文稿的任意位置新建幻灯片。常用的新建幻灯片的方法有如下两种。

① 通过快捷菜单新建幻灯片：启动 PowerPoint 2016，在新建的空白演示文稿的视图窗格空白处右击，在弹出的快捷菜单中单击【新建幻灯片】命令，如图 5-16 所示。

② 通过选择版式新建幻灯片：版式用于定义幻灯片中内容的显示位置，用户可根据需要向里面放置文本、图片以及表格等内容。通过选择版式新建幻灯片的方法是：启动 PowerPoint 2016，在【开始】选项卡的【幻灯片】功能区中，单击【新建幻灯片】按钮下方的下拉箭头，在弹出的下拉列表中选择新建幻灯片的版式，如图 5-17 所示，新建一张带有版式的幻灯片。

图 5-16　快捷方式新建默认版式幻灯片

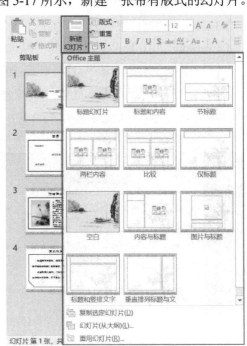

图 5-17　选择版式新建幻灯片

2. 选择幻灯片

只有在选择了幻灯片后，用户才能对其进行编辑和各种操作。选择幻灯片主要有以下几种操作：

选择单张幻灯片：在视图窗格或"幻灯片浏览视图"模式中，单击【幻灯片缩略图】，可选择单张幻灯片。

选择多张连续的幻灯片：在视图窗格或"幻灯片浏览视图"模式中，单击选中要连续选择的第一张幻灯片，按住【Shift】键不放，再单击需选择的最后一张幻灯片，释放【Shift】键后两张幻灯片之间的所有幻灯片均被选择。

选择多张不连续的幻灯片：在视图窗格或"幻灯片浏览视图"模式中，单击要选择的第一张幻灯片，按住【Ctrl】键不放，再依次单击需选择的幻灯片，可选择多张不连续的幻灯片。

选择全部幻灯片：在视图窗格或"幻灯片浏览视图"模式中，使用快捷键【Ctrl+A】，可选择当前演示文稿中所有的幻灯片。

3. 移动幻灯片

选择需要移动的幻灯片，如第三张幻灯片，按住鼠标左键将其向上拖动到第二张幻灯片顶部，释放鼠标左键，则原位置的幻灯片将自动后移，原本第三张幻灯片变为第二张。

4. 复制幻灯片

选中需要复制的幻灯片，右击，在弹出的快捷菜单上单击【复制】命令，在需要粘贴的位置右击，在弹出的快捷菜单中单击【粘贴选项】命令中的某一子命令即可实现幻灯的复制。【粘贴选项】命令有三个子命令，分别是：【使用目标主题】【保留原格式】【图片】，这三个子命令分别代表的含义是：套用当前演示文稿所使用的主题；保留复制源所使用的格式；以图片形式显示。

粘贴幻灯片后，幻灯片将自动重新排序。

5. 删除幻灯片

用户在编辑幻灯片的过程中，可以将不再需要的幻灯片删除，这样能够减小演示文稿的容量。

删除幻灯片的方法有以下两种：

① 选中需要删除的幻灯片，直接按下【Delete】键，即可将该幻灯片删除。

② 在要删除的幻灯片上方右击，在弹出的快捷菜单中单击【删除幻灯片】命令，即可删除该幻灯片。

6. 隐藏幻灯片

对于制作好的演示文稿，如果希望其中的部分幻灯片在放映的时候不显示出来，用户可以将其隐藏起来。具体操作步骤如下：

(1) 选中需要隐藏的幻灯片，右击，在弹出的快捷菜单中单击【隐藏幻灯片】命令。

(2) 此时在幻灯片的标题上会出现一条删除斜线，表示幻灯片已经被隐藏。如图 5-18 所示。

(3) 如果需要取消隐藏，只需选中相应的幻灯片，再进行一次上述操作即可。

图 5-18 隐藏幻灯片

7. 选择幻灯片版式

幻灯片版式是幻灯片上的常规排版格式，通过幻灯片版式的应用可以对文本(包括正文文本、项目符号和标题)、表格、图表、SmartArt 图形、影片、声音、图片及剪贴画等内容进行更加合理的排版，此外版式还包含幻灯片的主题颜色、字体、效果和背景。幻灯片版式中内容的位置是由占位符确定的，占位符是版式中的容器。如图 5-19 所示。

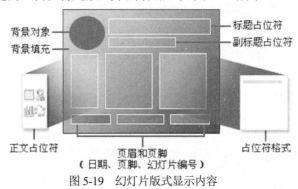

图 5-19 幻灯片版式显示内容

PowerPoint 2016 中内置 11 种幻灯片版式，用户还可以自定义幻灯片版式满足特定需求，自定义好的幻灯片版式也可以与其他人共享。图 5-20 显示了 PowerPoint 2016 中内置的幻灯片版式。每种版式均显示了用户将在其中添加文本或图形等各种占位符的位置。

在新建幻灯片的过程中就可以选定幻灯片的版式，也可以对现有幻灯片版式进行更改。更改的方法有以下两种。

方法 1：选中要更改版式的幻灯片，在【开始】选项卡【幻灯片】功能区中，单击【版式】按钮，在弹出的下拉列表中选定所需的版式。

方法 2：选中要更改版式的幻灯片，右击，在弹出的快捷菜单中选择【版式】命令，在其子菜单中选定所需的幻灯片版式。

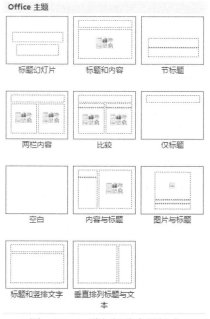

图 5-20　11 种幻灯片内置版式

8. 输入与编辑文本内容

幻灯片内容添加的方式有 4 种：版式设置区中文本占位符、文本框、自选图形文本及艺术字。下面介绍一下如何使用占位符和文本框输入文本。

1) 使用占位符输入文本

占位符是幻灯片版式中的容器，是带有虚线边框的矩形框，在这些框内可以放置标题及正文，或者是图表、表格和图片等对象。在幻灯片中输入文本的方式之一就是在占位符中输入文本。

启动 PowerPoint 2016 应用程序，在【开始】选项卡的【幻灯片】功能区中，单击【新建幻灯片】按钮，新建一张幻灯片，这张幻灯片默认的版式是【标题幻灯片】，因此在这张幻灯片中可以看到包含两个边框为虚线的矩形，它们就是占位符，图 5-21 就是一张占位符示例图。

图 5-21　占位符示例

当单击占位符内部功能区时，初始显示的文字会消失，同时，在占位符内部会显示一个闪烁的光标，即插入点。此时可以在占位符中输入文字。输入完毕后单击占位符外的任意位置可退出文本编辑状态。

当输入文本占满整个幻灯片时，可以看到在占位符的左侧会显示一个【自动调整选项】按钮，单击此按钮右侧的下拉箭头，弹出一个下拉列表。如图 5-22 所示。下面介绍该下拉列表中各个选项的含义。

【根据占位符自动调整文本】：自动调整文本的大小适应幻灯片。

【停止根据此占位符调整文本】：保留文本的大小，不自动调整。

【将文本拆分到两个幻灯片】：将文本分配到两个幻灯片中。

【在新幻灯片上继续】：创建一张新的并且具有相同标题但内容为空的幻灯片。

【将幻灯片更改为两列版式】：将原始幻灯片中内容由单列更改为双列显示。

【控制自动更正选项】：打开【自动更正】对话框，打开或者关闭某种自动更正功能。PowerPoint 2016 中的"自动更正"主要是对输入文字时格式套用，数字符号更正等按照设定好的内容实现自动更正。在【自动更正】对话框中，如果选中某个选项前面的复选框，就表示该功能目前已经打开；如果想要关闭某种功能，撤选相应的复选框即可。如图 5-23 撤选【根据占位符自动调整正文文本】复选框，然后单击【确定】按钮。

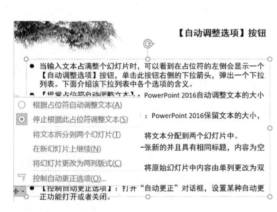

图 5-22　【自动调整选项】按钮介绍　　　　图 5-23　【自动更正】对话框

2) 使用文本框输入文字

添加文本框是输入文本的另一种方法。如果想要在占位符以外的位置输入文本，可以利用文本框来实现。

选中要添加文字的幻灯片，将选项卡切换到【插入】，在【文本】功能区中单击【文本框】按钮下方的下拉箭头，在弹出的下拉列表中选择一种文本排列方式(横排或者竖排)，如图 5-24 所示。然后在想要添加文本的位置按住鼠标左键拖拽出一个方框，确认文本框的宽度后释放鼠标左键，即可在闪烁的插入点处输入内容，此时可以看到输入的文本会依照文本框的宽度自动换行。

通过以上两种方式都可以完成对幻灯片文本内容的编辑，但是两者之间也存在一些差异，具体包括以下几点。

① 占位符在初始状态下会显示提示文字，而文本框在初始状态下不显示任何内容。

图 5-24 插入"文本框"方法

② 占位符中的内容已经具有一定的格式，而文本框中的内容只是默认的普通格式。

③ 占位符中可以包含多种形式的内容，如文字、图片、表格、图表、SmartArt 图形等，而文本框中只能输入文字。

用户在幻灯片中输入标题、文本后，这些文字、段落的格式仅限于模板所制定的格式。为了使幻灯片更加美观、易于阅读，可以重新设定文字和段落的格式，这可以利用【开始】选项卡中【字体】和【段落】功能区的命令按钮来实现。具体操作方法与 Word 操作类似，在此不再做详细介绍。

5.2.3 案例：制作教学课件

PowerPoint 2016 是制作课件的重要平台，允许用户插入图像、文本等各种内容，这样可以将教学涉及的但不太容易理解的内容直观地显示在课堂上，使学生可以形象地感知教学内容，突出教学重点，突破教学难点，提高学生学习兴趣。本案例将使用 PowerPoint 2016 的基本功能制作《office-EXCEL2016 培训教程》课件的开头部分。

1. 新建并保存演示文稿

单击桌面左下角 Windows 徽标，在显示的程序中选择【PowerPoint】，打开 PowerPoint 2016 应用程序，新建一个演示文稿。单击【文件】菜单中【保存】命令打开文件界面，单击窗口中部【浏览】按钮弹出【另存为】对话框，改变文件保存路径，修改文件名为"office-EXCEL2016 培训教程"，单击【保存】按钮保存，如图 5-25 所示。

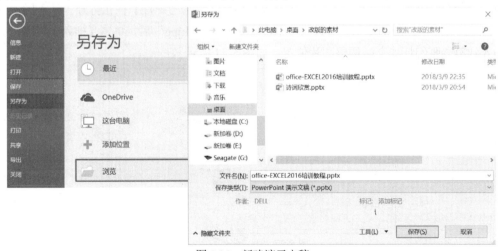

图 5-25 新建演示文稿

2. 制作幻灯片首页

(1) 在【开始】选项卡的【幻灯片】功能区单击【新建幻灯片】按钮新建一张幻灯片，版式默认为"标题幻灯片"。

(2) 将光标定位到标题占位符上，输入"EXCEL2016 实用教程"，在【开始】选项卡【字体】功能区将字体设置为"宋体，54 号"。

(3) 将光标定位到副标题占位符上，输入"经典教程"，在【开始】选项卡【字体】功能区设置字体为"宋体，28 号"，在【段落】功能区设置对齐方式为"左对齐"。

3. 设置主题美化幻灯片

将选项卡切换到【设计】，在【主题】功能区点击"积分"主题实现应用。至此第一张幻灯片的制作完成，最终效果如图 5-26。

图 5-26　第一张幻灯片

4. 制作第二张幻灯片

(1) 在【开始】选项卡的【幻灯片】功能区单击【新建幻灯片】按钮默认新建第二版式为"仅标题"的幻灯片。

(2) 将光标定位到标题占位符上，输入"目录"，在【开始】选项卡【字体】功能区将字体设置为"宋体，54 号"。

(3) 将选项卡切换到【插入】，在【插图】功能区单击【图片】按钮打开"插入图片"对话框，选择位于"改版的素材"文件夹中的"案例一图片 1.jpg"后，单击【插入】按钮，将图片插入到第二张幻灯片上，调整图片位置。如图 5-27 所示。

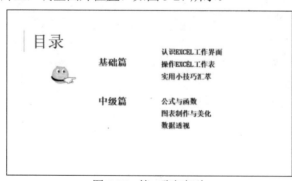

图 5-27　第二张幻灯片

(4) 在【插入】选项卡的【文本】功能区单击【文本框】按钮下方的下拉箭头，在弹出的下拉列表中选择【绘制横排文本框】命令，然后按住鼠标左键在图 5-27 位置拖拽出一个方框。在方框中输入文字"基础篇、中级篇"。

(5) 选中上述文本框，在【开始】选项卡的【字体】功能区的设置字体为"宋体，32 号"，在【段落】功能区单击右下角箭头打开"段落"对话框，设置行距为"多倍行距，3.3"，设置方式如图 5-28 所示。

图 5-28　段落设置

(6) 重复步骤(4)，分别插入两个横排文本框，输入如图 5-27 所示右侧幻灯片文字，按照步骤(5)设置字体"宋体，24 号"，段落行距为"固定值，40 磅"，按住【Ctrl】键不放，依次选中文字"基础篇、认识 EXCEL 工作界面"，设置其文字颜色为"红色"，如图 5-29 所示。

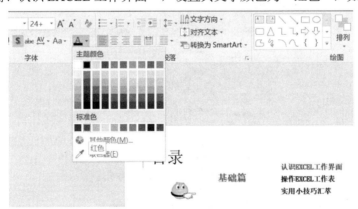

图 5-29　文字颜色设置方式

依照上述步骤操作直至课件完成。

5.3 幻灯片设计

5.3.1 幻灯片主题及母版设计

好的演示文稿除了内容通俗易懂，字体和颜色要合理搭配以外，风格统一也很重要。使用模板或应用主题，可以为演示文稿设置统一的主题颜色、主题字体、主题效果和背景样式，实现风格统一。

1. PowerPoint 2016 模板与主题的联系与区别

模板是一张或一组设置好风格、版式的幻灯片的文件，其后缀名为.potx。模板可以包含版式、主题颜色、主题字体、主题效果和背景样式，甚至还可以包含内容。而主题是将设置好的颜色、字体和效果整合到一起，一个主题中只包含这三个部分。

模板和主题的最大区别是：模板中可包含多种元素，如图片、文字、图表、表格、动画等，而主题中则不包含这些元素。PowerPoint 2016 模板分为特别推荐和个人两种，特别推荐是 Office 自带的，个人是用户自定义模板。

2. 自定义模板与应用

为演示文稿设置好统一的风格和版式后，可将其保存为模板文件，这样方便以后制作演示文稿时套用。下面将对自定义模板与应用的方法进行讲解。

1）自定义模板

自定义模板就是将设置好的演示文稿另存为模板文件。其方法是：打开设置好的演示文稿，选择【文件】菜单下【另存为】命令，在文件界面中部单击【浏览】命令，打开"另存为"对话框，如图 5-30 所示。保持模板默认保存位置不变，在"保存类型"下拉列表中选择"PowerPoint 模板(*.potx)"，单击 保存(S) 按钮保存。

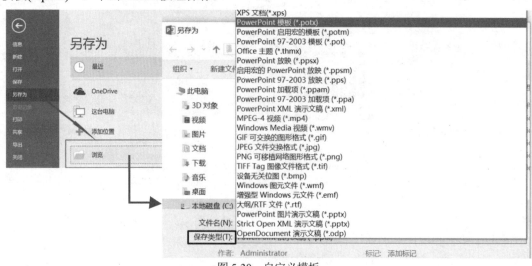

图 5-30　自定义模板

2) 应用自定义模板

单击【文件】菜单中【新建】命令，在打开的界面上单击【个人】选项卡后选择自定义好的模板，在弹出的窗口上单击【创建】按钮应用模板，如图 5-31 所示。

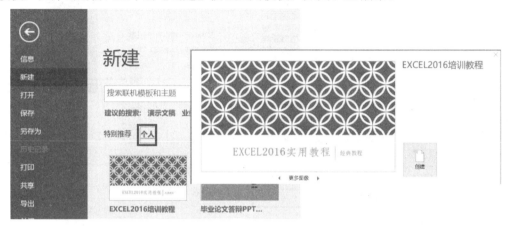

图 5-31　应用模板方法

3. 为演示文稿应用主题

在 PowerPoint 2016 中预设了多种主题样式，用户可根据需求选择所需的主题样式，这样可快速为演示文稿设置统一的外观。设置的方式称为应用主题，其方法是：打开演示文稿，在【设计】选项卡【主题】功能区，在主题缩略图中选择所需的主题样式即可应用主题，如图 5-32 所示。

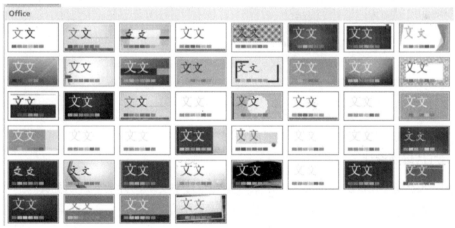

图 5-32　所有主题

对于应用了主题的幻灯片，还可以对其颜色、字体、效果和背景样式进行设置。在【设计】选项卡的【变体】功能区通过【颜色】【字体】【效果】【背景样式】命令打开相应的下拉列表，在下拉列表中用户可以选择 PowerPoint 2016 针对当前主题内置的，也可以通过【自定义颜色】【自定义字体】命令打开相应功能对话框自主设置主题颜色和主题字体。图 5-33 是【效果】下拉列表展示图，图 5-34 是更改主题颜色方式展示图，图 5-35 是更改主题字体方式展示图。

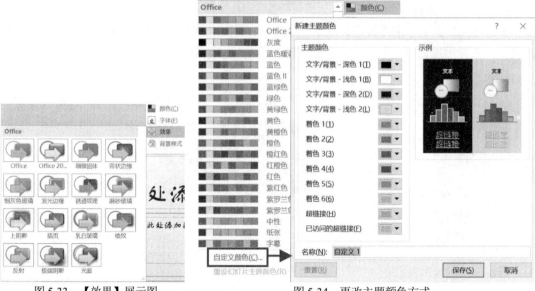

图 5-33　【效果】展示图　　　　　　　　图 5-34　更改主题颜色方式

图 5-35　更改主题字体方式

4. 幻灯片母版设计

幻灯片母版属于模板的一部分，它用来规定幻灯片中文本、背景、日期及页码的格式和显示位置，对每张幻灯片中的共有信息设定统一的显现方式，幻灯片上所有内容都在这个统一样式的框架基础上体现出来。由于幻灯片母版可以对幻灯片中的共有信息进行统一设置，所以用户可以用很少的时间和精力制作出具有相同样式、艺术装饰和文本格式的幻灯片，尤其是幻灯片容量较大的演示文稿，使用幻灯片母版会非常便利。

使用幻灯片母版可以控制整个演示文稿的外观，在母版上所做的设置将应用到基于它的所有幻灯片上，包括以后新建到演示文稿中的幻灯片。修改母版上的文本内容，应用该母版的幻灯片上的文本内容不会改变，但外观和格式会与母版保持一致，也就是说母版上的文本只用于样式，真正供用户观看的文本应该在"普通视图"模式下的幻灯片上输入。幻灯片母版的编辑和修改是在"幻灯片母版视图"模式下进行，在其他视图模式下母版是不可以编辑和修改的，只能查看。在【视图】选项卡的【母版视图】功能区中单击【幻灯片母版】按钮，即可进入"幻灯片母版视图"模式下对母版编辑和修改。

默认的幻灯片母版有 5 个占位符，即"标题区""对象区""日期区""页脚区""数字区"。如图 5-36 所示。一般来说，我们只修改母版上占位符的格式或调整占位符的位置，而不向占位符中添加内容。更改占位符格式的方法和在"普通视图"模式下更改的方法相同，选中占位符，在相应选项卡中相应功能区命令按钮修改即可。"页脚区""日期区""数字区"的内容输入需要在【页眉和页脚】对话框中输入。

图 5-36　幻灯片母版默认占位符介绍

幻灯片母版编辑好后需要退出"幻灯片母版视图"模式，退出的方法是：在【幻灯片母版】选项卡【关闭】功能区，单击【关闭母版视图】按钮退出。

5. 幻灯片背景设置

模板或者主题的应用为整个演示文稿的幻灯片设置了统一背景，而背景设置可以满足用户想要某张幻灯片突出显示的需求。在 PowerPoint 2016 中给幻灯片添加背景的操作方法是：单击要为其添加背景图片的幻灯片，如果要选择多个幻灯片，可以单击某个幻灯片，然后按住【Ctrl】并单击其他幻灯片。

在【设计】选项卡的【自定义】功能区，单击【设置背景格式】按钮打开【设置背景格式】窗格。如图 5-37 所示。

【设置背景格式】窗格的【填充】功能区共有 5 个选项，前 4 个选项用来设置背景填充的方式，最后一个选项用来设置是否隐藏主题或者模板设置好的背景图形。下面将详细介绍 4 种背景设置的方法。

纯色背景：在【设置背景格式】窗格选中【纯色填充】单选按钮。单击【颜色】命令右侧的按钮打开颜色板，然后单击所需的颜色即可。如果要设置主题颜色中没有需要的颜色，可以单击【其他颜色】命令打开【颜色】对话框，在【标准】功能区上单击所需的颜色，或者在【自定义】功能区上混合出自己所需的颜色，也可以通过【取色器】取到需要的颜色。如果用户以后更改演示文稿主题，设置好背景颜色的幻灯片背景色不会被更改。

渐变背景：渐变指的是由一种颜色逐渐过渡到另一种颜色，渐变色会给人一种眩目的视觉效果。在【设置背景格式】窗格中，选中【渐变填充】单选按钮，单击打开【预设渐变】命令的下拉列表，可以看到 PowerPoint 2016 中 30 种预设渐变。如图 5-38 所示。

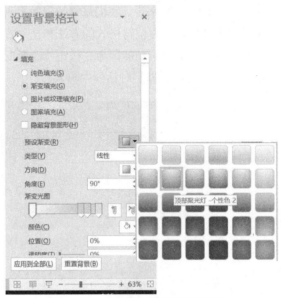

图 5-37　【设置背景格式】窗格　　　　　图 5-38　【渐变填充】选项显现图

纹理和图片背景：设置纹理背景：选中【图片或纹理填充】单选按钮，在【纹理】下拉列表中选择纹理效果即可，如图 5-39 所示。设置图片背景：选中【图片或纹理填充】单选按钮，单击【文件】按钮，在随之出现的【插入图片】对话框中找到要插入的图片，单击【确定】按钮。

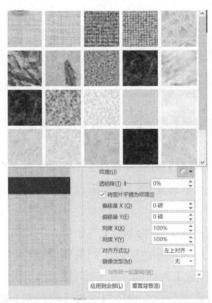

图 5-39　【纹理填充】选项显现图

图案填充：图案指以某种颜色为背景色，以前景色作为线条色所构成的图案背景。设置图案背景：选中【图案填充】单选按钮后，单击某个图案，选择前景色和背景色即可实现。如图 5-40 所示。

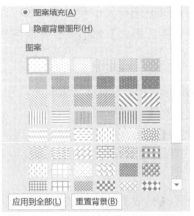

图 5-40　【图案填充】选项显现图

在【设置背景格式】窗格设置好背景后，单击窗格右上角 × 按钮实现单张幻灯片背景设置，单击【应用到全部】可以使所有幻灯片应用当前背景设置。

5.3.2　幻灯片美化

幻灯片的美化主要涉及的是图片、音频、视频、形状等元素的插入，【插入】选项卡下各功能区样式如图 5-41 所示。

图 5-41　【插入】选项卡中的各项功能

1. 插入图片

在文稿的演示过程中，为了增强视觉效果，需要在幻灯片中添加图片。实现方法如下：

(1) 在【插入】选项卡的【图像】功能区单击【图片】按钮。

(2) 在打开的【插入图片】对话框中寻找到要插入图片所在的文件夹，选中要插入图片，单击【插入】按钮，图片就会插入到幻灯片中。

(3) 可以使用鼠标拖拉的方法调整图片大小和位置，也可以右击在弹出的快捷菜单中选择【大小和位置】命令，打开【设置图片格式】对话框进行调整。

2. 插入音频

为了增强演示文稿的播放效果，可以为演示文稿配上背景音乐。实现方法如下：

(1) 在【插入】选项卡的【媒体】功能区单击【音频】按钮下方下拉箭头打开下拉列表，选中【PC 上的音频】命令，打开【插入音频】对话框。

(2) 在【插入音频】对话框中寻找到要插入音频所在的文件夹，选中要插入音频，单击【插入】按钮，音频就插入到幻灯片中。

(3) 【音频工具】选项卡下的【格式】和【播放】两个功能区的命令按钮可以设置音频图标的样式、裁剪音频和设置音频的播放方式。

演示文稿不仅仅可以插入外部音频，应用程序也可以自由录制音频，演示文稿支持.mp3、.wma、.wav、.mid 等格式音频文件。

3. 插入视频

插入视频和插入音频的设置方法基本相同，不同之处在于视频不能自由录制，不过可以插入来自网页的视频文件，也可以单击【屏幕录制】按钮录制屏幕视频插入到幻灯片中。演示文稿支持.avi、.wmv、.mpg 等格式视频文件。

4. 插入艺术字

在演示文稿中添加艺术字可以提升放映的视觉效果，Office 的多个组件都具有艺术字功能，在演示文稿中插入艺术字的方法如下：

(1) 在【插入】选项卡的【文本】功能区单击【艺术字】按钮下方下拉箭头打开艺术字字库，选定一种样式后，字样为"请在此放置您的文字"的艺术字就会显示在幻灯片上。

(2) 选中"请在此放置您的文字"占位符文字，重新输入需要的艺术字字符，设置字体、字号等格式，按回车键确定。

(3) 可以使用鼠标拖拉的方法调整艺术字大小和位置，也可以右击后在弹出的快捷菜单中选择【设置形状格式】命令打开【设置形状格式】对话框调整。

(4) 如果想要修改艺术字的效果可以选中艺术字占位符，在【格式】选项卡的【艺术字样式】功能区上单击【文本效果】按钮，在弹出的下拉列表中选择相应效果即可。如图 5-42 所示。

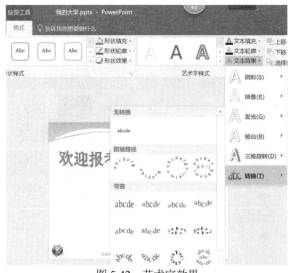

图 5-42　艺术字效果

5. 绘制图形

在演示文稿制作过程中经常需要绘制一些形状来美化幻灯片，让演示文稿达到最好的视觉效果。

(1) 在【插入】选项卡的【插图】功能区单击【形状】按钮下方下拉箭头打开形状库，选定用于幻灯片的形状。

(2) 在幻灯片形状放置处，拖动鼠标绘制出相应的形状。

6. 编辑公式

在制作一些专业性较强的演示文稿时，经常需要在幻灯片中添加一些复杂的专业公式，编辑公式的方法是：

在【插入】选项卡的【符号】功能区单击【公式】按钮会进入【公式工具-设计】选项卡，其中的公式库中有应用程序定义好的公式，也可以插入新公式。如图 5-43 所示。利用【工具】【符号】【结构】这 3 个功能区中的工具制作出相应的公式。通过【工具】功能区中的【墨迹公式】按钮可以实现手写输入公式的功能。

图 5-43　公式设计功能区

7. 插入图表

在幻灯片中插入图表可以更直观地显示数据，增强幻灯片的可读性，插入图表的方法是：

(1) 在【插入】选项卡的【插图】功能区单击【图表】按钮，打开【插入图表】对话框，选中需要的图表后会打开 Excel 应用程序数据表。

(2) 在数据表中编辑相应的数据，编辑好后关闭 Excel 应用程序。

(3) 调整图表的大小和位置。如果图表数据需要修改，可进入【图标工具-设计】【图标工具-格式】这两个扩展选项卡中做相应的修改。如图 5-44 所示。

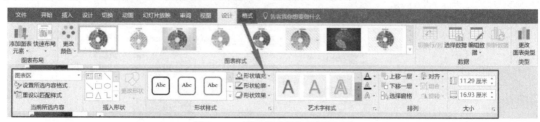

图 5-44   【图表工具】扩展选项

8. 插入 SmartArt 图形

在幻灯片中插入 SmartArt 图形可以帮助展示者以动态可视的方式来阐明流程、层次结构和关系，插入图形的方法是：

(1) 在【插入】选项卡的【插图】功能区单击【SmartArt】按钮，打开如图 5-45 所示的【选择 SmartArt 图形】对话框。

(2) 对话框默认显示全部列表，显示所有的 SmartArt 可用图形，选中要插入的 SmartArt 图形，单击右下角的【确定】按钮将选择的 SmartArt 图形插入幻灯片中。

(3) SmartArt 图形插入后，会多出【SmartArt 工具-设计】和【SmartArt 工具-格式】扩展选项卡，在这两个子选项中可以选择合适的颜色、形状、样式和格式，也可以在已有的基础上添加形状，修改形状内的文字信息。

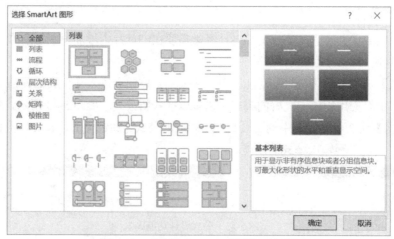

图 5-45   【选择 SmartArt 图形】对话框

5.3.3　案例 1：制作"诗词赏析"

利用 PowerPoint 2016 能够方便快捷地将图片、形状等对象插入幻灯片中，其直观的画面可以吸引观看者的注意力，本案例使用 PowerPoint 2016 的设计功能制作"诗词赏析"演示文稿，主要任务：给幻灯片设置漂亮的切题背景，应用主题、母版统一演示文稿的风格。

1. 新建并保存演示文稿

打开 PowerPoint 2016 应用程序，默认新建一个演示文稿，单击【文件】菜单中【保存】命令打开文件界面，单击窗口中部【浏览】按钮弹出【另存为】对话框，改变文件保存路径，修改文件名为"诗词赏析"，单击【保存】按钮保存文档。

2. 创建幻灯片母版

(1) 在【视图】选项卡的【母版视图】功能区中单击【幻灯片母版】按钮进入"幻灯片母版视图"模式，选中最顶端幻灯片母版，在【插入】选项卡的【图像】功能区单击【图片】按钮，打开【插入图片】对话框，选定图片所在路径，选中"背景二.jpg"，单击【打开】按钮插入图片，拖动鼠标调整图片大小直至图片覆盖整张幻灯片。

(2) 选中"空白版式"幻灯片，选项卡切换到【幻灯片母版】，在【背景】功能区中单击【背景样式】右侧下拉箭头，在弹出菜单中选中【设置背景格式】命令打开【设置背景格式】窗格。

(3) 在【设置背景格式】窗格中选中【填充】选项组中的【图片或纹理填充】单选按钮，单击【文件】按钮打开"插入图片"对话框，选定图片所在路径，选中"背景一.jpg"，单击【插入】按钮，图片作为背景显示在幻灯片上，随之关闭"设置背景格式"窗格。设置方式如图 5-46 所示。

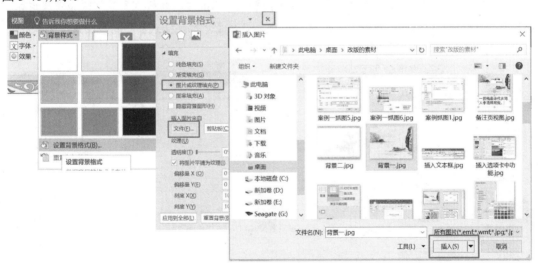

图 5-46 背景格式设置

(4) 选中【幻灯片母版】选项卡的【背景】功能区中【隐藏背景图形】复选框使背景设置生效，在【关闭】功能区单击【关闭母版视图】按钮退出"幻灯片母版视图"模式。

3. 制作首页幻灯片，插入艺术字和音频

(1) 在【开始】选项卡的【幻灯片】功能区，通过【新建幻灯片】按钮的下拉列表新建一张版式为"空白"的幻灯片。

(2) 在【插入】选项卡的【文本】功能区单击【文本框】按钮下方的下拉箭头选择【绘制横排文本框】命令，在图 5-47 位置拖动光标生成文本框。选中文本框，右击后弹出快捷菜单，单击【大小和位置】命令打开【设置形状格式】窗格，在【形状选项】标签中的【大小】选择组中设置文本框高度为 6.41 厘米，宽度为 9.37 厘米，设置方式如图 5-48 所示。将文本框拖动到幻灯片中部。

图 5-47　第一张幻灯片　　　　　　　　　图 5-48　文本框设置方式

(3) 在文本框中输入"一剪梅李清照"，设置字体格式"华文隶书"。"一剪梅"为 72 号字，"李清照"为 44 号字。在【绘图工具-格式】选项卡的【形状样式】功能区设置【形状效果】为"三维旋转：透视：宽松"，如图 5-49 所示。在【艺术字样式】功能区设置【文本效果】为"发光：8 磅；红色，主题色 2"，如 5-50 所示。

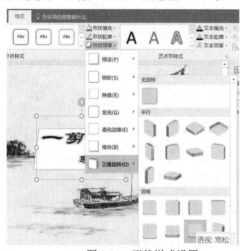
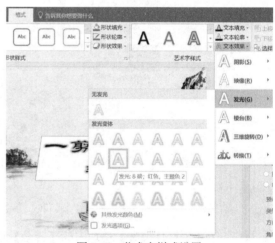

图 5-49　形状样式设置　　　　　　　　　图 5-50　艺术字样式设置

(4) 在【插入】选项卡的【媒体】功能区单击【音频】按钮，在下拉列表中选择【PC 上的音频】打开【插入音频】对话框，选择"背景音乐.mp3"文件插入背景音乐。在【音频工具】选项卡的【播放】功能区单击选中【在后台播放】按钮，实现背景音乐自动循环播放直到幻灯片放映完毕。

4. 制作第二张幻灯片

(1) 在【开始】选项卡的【幻灯片】功能区，通过【新建幻灯片】的下拉列表新建一张版式为"仅标题"的幻灯片。在标题占位符中输入"目录"，字体为"华文隶书，44 号字"。

(2) 在【插入】选项卡的【插图】功能区单击【形状】下方下拉箭头插入"矩形"。设置文本框大小为"高度 12.4 厘米，宽度 21.6 厘米"。在【文本选项】标签页的【文本填充与轮廓】功能区中设置复合类型为"由粗到细"。设置方式如图 5-51 所示。在矩形内部插入文本框，设置字体格式为"华文隶书，28 号字"，字体颜色为"白色，背景 1，深色 50%"。复制粘贴四个文本框，依照图 5-52 排列并输入文字。

5. 制作其他幻灯片

(1) 在视图窗格中选中第二张幻灯片，使用快捷键【Ctrl+C】复制，快捷键【Ctrl+V】粘贴生成第三张幻灯片，如图 5-53 所示改变标题占位符中的文字。将矩形中内容全部删除。在【插入】选项卡【图像】功能区，单击【图片】按钮，弹出"插入图片"对话框，选定插入图片所在路径，选中"作者.jpg"，单击【打开】按钮插入图片，调整大小并拖拉到矩形内左侧。在右侧插入一个文本框，输入如图 5-53 所示的文字。

图 5-51　形状边框类型设置方式方法

图 5-52　第二张幻灯片

图 5-53　第三张幻灯片

(2) 依照上一步复制粘贴生成第四张幻灯片，设置方式如图 5-54 所示，选中矩形，在【格式】选项卡的【插入形状】功能区中单击【编辑形状】按钮，在弹出的下拉列表中单击【更改形状】命令，在弹出的下拉列表中选中"矩形"类中的"矩形：剪去对角"改变矩形形状。最后依照图 5-55 重新输入文字。

按此步骤操作直至课件完成。

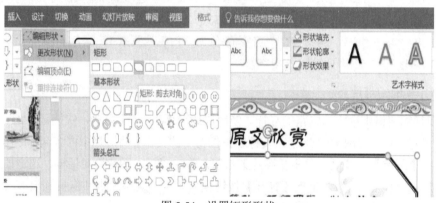

图 5-54　设置矩形形状

图 5-55　第四张幻灯片

5.4　幻灯片动画设计

5.4.1　动画设计

为了增强 PowerPoint 2016 演示文稿的视觉效果，可以将文本、图片、形状、表格等对象制作成动画，设计和制作动画的方法如下。

1. 选择动画种类

设置动画需要选中设置动画的对象，否则动画选项卡功能区中按钮不可用。动画总共分为 4 种设置：进入、强调、退出、动作路径。

- "进入"效果：对象以某种方式出现在幻灯片上。例如，可以让对象从某一方向飞入或者是旋转出现在幻灯片中。
- "强调"效果：对象直接显示再以缩小或放大、颜色更改等方式再次显示。
- "退出"效果：对象以某种方式退出幻灯片。例如，整体消失，或者从某一方向消失。
- "动作路径"效果：对象按照某一事先设定的轨迹运动。轨迹包括系统定义和自定义路径两种。选择【自定义路径】命令，光标变成一支铅笔，使用这支铅笔可以任意绘制想要的动画路径，双击左键结束绘制。如不满意可在路径的任意点上右击，在弹出的快捷菜单上选择【编辑顶点】命令，拖动线条上的点调节路径效果。如图 5-56 所示。

这 4 种动画可以组合使用也可以单独使用，在动画或者高级动画功能区单击要设置的动画就可以看见动画效果，不满足需求可以单击选择其他动画效果。

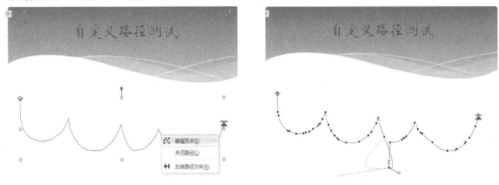

图 5-56　路径调整方式

2. 设置方向序列

使用【动画】选项卡的【动画】功能区中的【效果选项】按钮，可以对动画实现的方向、序列等的调整，不同的动画效果也不尽相同。

3. 计时设置

【计时】功能区有 4 项设置：【开始】【持续时间】【延迟】【对动画重新排序】。计时功能区及选项设置如图 5-57 所示。

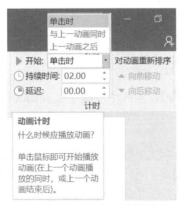

图 5-57　【计时】功能区

【开始】有 3 个选项："单击时""与上一动画同时""上一动画之后"，默认是【单击时】。如果选择【单击时】，在幻灯片播放过程中单击鼠标实现动画播放；选择【与上一动画同时】，当前动画会和同一张幻灯片中的前一个动画同时显示；选择【上一动画之后】，当前动画在上一个动画结束后显示。如果动画较多，建议优先选择后两种开始方式，这样有利于幻灯片播放时间的把控。

【持续时间】用来控制动画的速度，调整【持续时间】右侧的微调按钮可以让动画以 0.25 秒的步长递增或递减。

【延迟】用来调整动画显示时间，顾名思义就是让动画在设置的【延迟】时间后显示，这样有利于动画之间的衔接，可以让观看者清晰地看到每一个动画。

【对动画重新排序】用来调整同一幻灯片中的动画顺序。直观的方法是单击【高级动画】功能区中的【动画窗格】，在演示文稿右侧显示"动画窗格"窗口，鼠标拖动调整上下位置，可以方便快捷地实现动画播放前后顺序，也可以右键删除动画。如图 5-58 所示。也可以在多个动画设置对象中选定某一对象，单击【对动画重新排序】按钮下的【向前移动】或者【向后移动】按钮，可以实现对象动画播放顺序的改变。

图 5-58　动画窗格

4. 设置相同动画

有时候我们希望在多个对象上设置同一动画，PowerPoint 2016 为用户提供了"动画刷"功能，它可以快捷地实现这一愿望。选择所要模仿的动画对象，单击【高级动画】功能区的【动画刷】按钮，光标旁边会出现一个小刷子，用这种带格式的光标单击其他对象就可以完成同一动画的设置。如图 5-59 所示。不过，实践中发现动画重复过多会让演示文稿的展示过于单调。

图 5-59　动画刷

5. 对同一对象设置多个动画

有时我们需要反复强调某一对象，这时可以给同一对象添加多个动画。设置好对象的第一个动画后，单击【添加动画】按钮可以继续添加动画。比如一个对象可以先"进入"再"退出"。

5.4.2　放映及交互

1. 切换幻灯片

幻灯片切换是增强幻灯片视觉效果的另一种方式，它是在演示文稿放映期间从上一张幻灯片转向下一张幻灯片时出现的动画效果。我们可以控制切换的速度，添加切换时的声音，可以为每张单独做切换效果，也可以所有幻灯片应用同一种切换效果。向幻灯片添加切换效果方法如下。

(1) 在【视图】窗格中选择想要设置切换效果的幻灯片缩略图。

(2) 在【切换】选项卡的【切换到此幻灯片】功能区中，单击要应用于当前幻灯片的切换效果按钮，如图 5-60 所示，应用的是"库"切换效果。切换效果分为"细微""华丽"和"动态内容" 3 大类。

(3)【切换】选项卡的【切换到此幻灯片】功能区最右侧的【效果选项】按钮，可以对切换效果进一步设置。如图 5-60 所示是"库"切换效果的选项。

图 5-60　切换效果选项

(4)【切换】选项卡的【计时】功能区中有 4 项设置：【声音】【持续时间】【应用到全部】【换片方式】，如图 5-61 所示。【声音】是用来设置切换音效；【持续时间】用来控制切换速度；【应用到全部】可以让所有幻灯片应用同一切换效果；【换片方式】用来设定幻灯片切换的方式是自动还是鼠标单击。

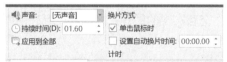

图 5-61　【切换】选项卡【计时】功能区

2. 超链接交互

在演示文稿放映过程中我们需要跳转到特定的幻灯片、文件或者是 Internet 上某一网址来增强演示文稿的交互性，下面就是完成超级链接的具体过程。

选定要插入超链接的对象，在【插入】选项卡的【链接】功能区单击【链接】按钮，打开【插入超链接】对话框，如图 5-62 所示。下面介绍【链接到】列表中的选项。

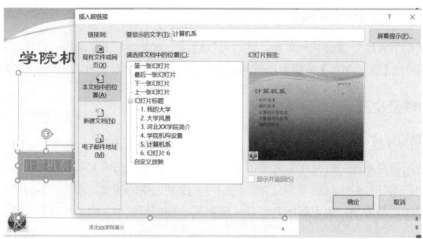

图 5-62　【插入超链接】对话框

【现有文件或网页】：此超链接可以跳转到当前演示文稿之外的其他文档或者网页。可以选定本地硬盘中路径进行超链接文档查找定位，也可以在底部文本框直接输入文档信息或者网页地址。超链接的文档类型可以是 Office 文稿、图片或者是声音文件。单击该超级链接时，可以自动打开相匹配的应用程序。

【本文档中的位置】：此超链接可以实现当前演示文稿不同幻灯片之间的跳转。在此选项对应的对话框中可以看到当前演示文稿内的全部幻灯片，选择符合需求的幻灯片，单击【确定】按钮即可。

【电子邮件地址】：此超链接可以打开 Outlook 给指定地址发送邮件。在电子邮件地址下方的文本框输入电子邮件地址即可。

【删除超链接】：选定要删除超链接的对象，打开【编辑超链接】对话框，此时对话框多了一个【删除链接】按钮，可以将原链接清除。

3. 动作交互

除了超链接可以实现幻灯片之间的跳转以外，动作交互也可以让幻灯片完成跳转。我们通过交互按钮的创建，讲述动作交互实现的幻灯片之间的交互。下面以"设置练习题按钮"为例来讲述动作按钮的交互设计方法。

(1) 选中图 5-63 中的"练习题"这个椭圆形状，在【插入】选项卡【链接】功能区单击【动作】按钮弹出【操作设置】对话框，如图 5-63 所示。

(2) 在【单击鼠标】选项卡中的【单击鼠标时的动作】选项组中，选择【超链接到】单选按钮，单击右侧下拉箭头，在下拉列表中选择【幻灯片...】，弹出【超链接到幻灯片】对话框。

(3) 在弹出的【超链接到幻灯片】对话框中选择"4.练习题"，如图 5-64 所示。依次单击两个对话框的【确定】按钮完成设置。

在图 5-65【超链接到】单选按钮的下拉列表中还有其他选项可以实现不同的动作设置，实现动作交互。

图 5-63　动作设置方式

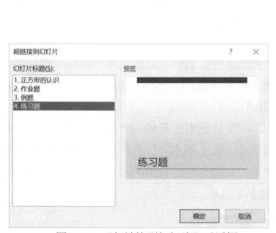

图 5-64　"超链接到幻灯片"对话框

图 5-65　动作设置其他方式

4. 放映功能交互

在【幻灯片放映】选项卡的【设置】功能区中单击【设置幻灯片放映】按钮,弹出如图 5-66 的【设置放映方式】对话框,可以设置放映类型、放映选项、放映幻灯片、推进幻灯片、多监视器五组内容,最后单击【确定】即可。

图 5-66　幻灯片放映方式设置

5.4.3　案例 2：制作"乘用车行业销量分析"

行业销量分析是对市场规模、位置、性质、特点、市场容量及吸引范围等调查资料所进行的经济分析。主要目的是研究商品的潜在销售量，开拓潜在市场，安排好商品地区之间的合理分配，以及企业经营商品的地区市场占有率。本案例将使用 PowerPoint 2016 的图表和动画设计功能制作"乘用车行业销量分析"演示文稿中的关键幻灯片，对乘用车市场进行分析。

1. 完成幻灯片内容制作

(1) 新建空白演示文稿，保存为"乘用车行业销量分析.pptx"。插入第一张幻灯片，版式为"标题幻灯片"。在【设计】选项卡的【主题】功能区选择"回顾"主题并应用。在标题占位符输入"乘用车行业销售分析"，如图 5-67 所示。

(2) 新建第二张幻灯片，版式为"两栏内容"。在标题占位符输入"整体走势"，在右侧内容区输入如图 5-68 所示文字，调整右侧内容区大小，在右侧内容区内单击【插入图表】按钮，弹出【插入图表】对话框，选择【组合】图表类型，如图 5-69，在系列 2 右侧【图表类型】中选择"带标记的堆积折线图"并启用【次坐标轴】复选框。

乘用车行业销售分析

图 5-67　第一张幻灯片

图 5-68　第二张幻灯片

(3) 单击图 5-69 "插入图表"对话框中的【确定】按钮，弹出一个 Excel 工作簿，输入如图 5-70 数据，单击右上角【关闭】按钮关闭工作簿。

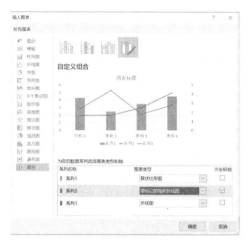

图 5-69　图表类型选择界面

	A	B	C
1		同比变化	销售（万辆）
2	1月	-0.2%	214.7
3	2月	19.1%	158.77
4	3月	3.1%	199.92
5	4月	-1.8%	166.79
6	5月	-2.0%	160.28
7	6月	3.2%	158.85
8	7月	4.8%	145.54
9	8月	5.3%	165.12
10	9月	3.4%	219.98
11	10月	0.3%	221.45
12	11月	0.3%	245.17
13	12月	-0.1%	229.76

图 5-70　EXCEL 工作簿数据

(4) 输入图表标题为“乘用车销售图示”，在【图表工具-设计】扩展选项卡中的【图表样式】功能区设置图表样式为“样式 6”。双击图表左侧坐标轴，弹出【设置坐标轴格式】窗格，设置最大值为 1000，如图 5-71 所示。

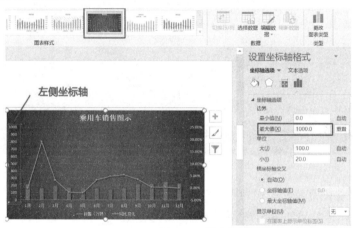

图 5-71　图表格式设置

(5) 在【图表工具-设计】扩展选项卡的【图表布局】功能区单击【添加图表元素】按钮，在打开的下拉列表中选择【数据标签】选项，在其下级菜单中选择【数据标签外】选项，为图表添加数据标签并使数据标签位于图表系列上方，如图 5-72 所示。双击图例区，弹出【设置图例格式】窗格，设置图例位置为“靠上”，如图 5-73 所示。

(6) 选中折线图上的数据，在【图表工具-设计】选项卡的【图表布局】功能区【添加图表元素】按钮下拉列表中单击【数据标签】按钮，在其下级菜单中选择【上方】按钮将折线图上的数据放置在标记点的上方。保持折线图上的数据的选中状态，切换到【开始】选项卡，设置字体格式“加粗”。选中折线图的折线，在【格式】选项卡的【形状样式】功能区设置【形状轮廓】为“红色”，【形状填充】为“白色”。选中柱形图中的所有柱形设置【形状填充】为“橙色，个性色 2”，如图 5-74 所示。

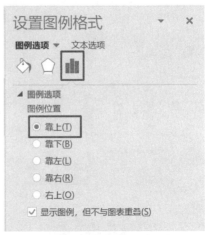

图 5-72　添加数据标签　　　　　　　图 5-73　案例格式设置

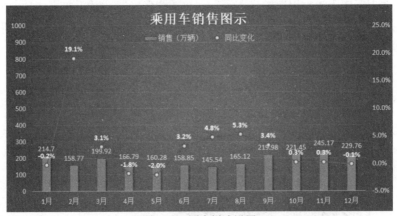

图 5-74　图表样式设置

(7) 新建第三张幻灯片，版式为"两栏内容"。依照上述步骤输入内容，插入图表，图表数据如图 5-75 所示，效果如图 5-76 所示。

品牌TOP10排名

前十品牌中，吉利和宝骏两大自主品牌表现突出。

	销售数量	（万辆）
大众	23.5	
吉利	13.56	
宝骏	13.03	
别克	11.78	
本田	11.87	
日产	11.15	
现代	11.03	
长安	8.58	
福特	8.08	
哈弗	7.83	

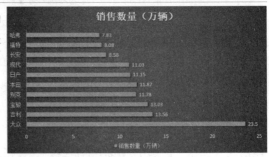

图 5-75　图表数据　　　　　　　图 5-76　第三张幻灯片效果

(8) 新建第四张幻灯片，版式为"空白"。插入图片"图片 1.jpg"，插入艺术字，艺术字的样式为"填充：黑色，文本色 1，阴影"。效果如图 5-77 所示。

图 5-77　第四张幻灯片效果

2. 为幻灯片设置动画

选中幻灯片中的图表，在【动画】选项卡的【动画】功能区选择【进入】选项组中的【擦除】选项，单击右侧的【效果选项】，在打开的列表中选择【序列】选择组中的"按系列中的元素"选项，动画设置效果如图 5-78 所示。

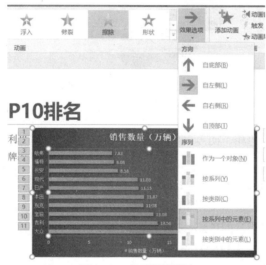

图 5-78　动画设置效果

3. 设置幻灯片切换效果

在【切换】选项卡的【切换到此幻灯片】功能区中，单击"显示"切换效果，在【计时】功能区单击【应用到全部】。

5.5　幻灯片设计理论

5.5.1　幻灯片色彩与应用设计

想要很好地使用颜色可以从颜色盘的认识开始。颜色盘中包含 12 种颜色如图 5-79 所示。

这 12 种颜色被分为三组：原色、间色和复色。

① 原色：不能通过其他颜色的混合调配而得出的"基本色"，有红、蓝、黄三种，不同比例的原色混合产生其他颜色。

② 间色：两种原色配合成的颜色，有绿、紫、橙三种。

③ 复色：由任何两个间色或三个原色相混合而产生出来的颜色叫作复色。有橙红、紫红、蓝绿、橙黄、黄绿等。

④ 颜色盘中成 180°角的两种颜色被称为补色，补色对比强烈能产生良好的动态效果。

⑤ 颜色盘中左右相邻的颜色称为近似色，使用近似色既有色彩变化又能保持和谐统一。

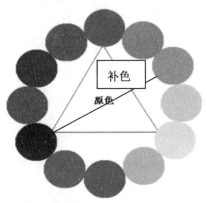

图 5-79　颜色盘

1. 色彩的 3 个属性

色彩的 3 个属性是：色相、明度、纯度。色相是指色彩的相貌；明度是指色彩的明暗度；纯度是指色彩的饱和度。

不同的色彩象征不同的感觉，红色及近似色象征着热情、活泼和温暖，而蓝色及近似色象征着理性、沉静和安全。这种就是色相和色调带来的色彩心理。

明度的高低也能带来不同的色彩心理，如图 5-80，高明度让人感觉柔和娇嫩，中明度却让人感觉艳丽醒目，低明度让人感觉深沉浑厚。

图 5-80　明度高低对比

纯度不一样也会带来不一样的色彩心理，高纯度色彩是饱和充实，中纯度色彩是温和圆润，低纯度色彩是朴素浑浊。

2. 配色协调的技巧

① 同一幻灯片中展示同等重要内容采用相同明度和纯度的配色。

② 不同类别使用对比色突出展示。

③ 应用环境的设计要依据色彩心理。

④ 同一幻灯片中大块配色最好不要超过 3 种。

3. 配色误区

1) 五颜六色才好看

春暖花开的园林，各种植物争奇斗艳，颜色数量多且好看，但不是每个人都拥有将多种颜色搭配得很好看的天赋，因此将颜色控制在一两种是一个明智的选择，因为一两种颜色怎么搭配都不会太难看，而且颜色少还会给人一种很专业的感觉，这点纵观各种商业模板就能发现。

2) 演示文稿自己看着很清楚

在电脑上自己观看演示文稿，看着都是清楚的，可投影出来就不清晰，因此配色的另一个标准就是观众的观感，要让演示场所的最后一个观众也可以清晰地看见演示文稿。解决的方法有很多种，加大字体字号并加粗和使用对比色是经常会被用到的方法。

5.5.2　幻灯片构图设计

1. 处理图片

1) 给图片设置样式

PowerPoint 2016 自带图片工具，用户可以利用图片工具提供的 28 种预设样式设置图片样式，也可以通过【图片工具-格式】扩展选项卡中【图片样式】的【图片边框】【图片效果】【图片版式】这 3 个按钮自定义图片样式。设置图片样式的方法是：选中图片，在【图片工具-格式】选项卡的【图片样式】功能区单击某种图片样式，就可以给图片设置样式，增加图片的质感和层次。如图 5-81 就是其中三种样式的设置效果。

图 5-81　三种图像样式设置效果

2) 大胆剪裁图片

在大部分的演示文稿中，文字的阐述是必不可少的，这样让图片占用的空间就会很少。如果图片太大就会挤占了幻灯片中的文字空间，这时可以对图片进行大胆剪裁，保留图片的核心元素，剪裁成需要的横向或纵向图片，这样既保留了图片所要传达信息，又为文字预留了更多的版面。选中图片，在【图片工具-格式】选项卡的【大小】功能区单击【裁剪】按钮，在图片的四周就会出现八个裁剪点，拖动鼠标就可以实现裁剪，在空白处单击鼠标退出裁剪。裁剪前后的效果对比如图 5-82 所示。

图 5-82   图片剪裁前后对比

3) 删除背景

有时所备素材的背景色与演示文稿搭配不妥，这时就需要将背景色删除，PowerPoint 2016 应用程序本身提供这种删除的方法：利用【删除背景】按钮删除背景色。需要说明的是应用程序本身的这个功能是针对背景色比较单一的图片的，操作步骤如下：

选中需要删除背景的原始图片，在【图片工具-格式】选项卡的【调整】功能区单击【删除背景】按钮，会进入如图 5-83 所示的【背景消除】功能区，调整如图 5-84 所示的 8 个顶点，实现删除背景色的效果(图中粉色是要被删除的)，最后单击【保留更改】按钮完成操作。删除背景色前后对比如图 5-85 所示。

图 5-83   【背景消除】功能区

图 5-84   顶点调节删除区域

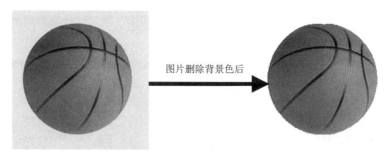

图 5-85　删除背景前后的效果

2. 应用数据图表

好的数据图表可以提供详尽的数据清单，突出显示重点数据，直观清晰地显示逻辑关系。如何用好图表就是下面要叙述的重点。

1) 数据归类

单纯地将数据插入表格并显示在幻灯片上，不容易突出说明问题，这时需要依据要论证的观点将数据划分归类，突出重点，这一点类似于 Excel 中的分类汇总。对于一些无法分类汇总的数据可以使用不同颜色填充的方式进行分类。

2) 数据图形化

图形在直观清晰显示逻辑关系上明显是优于表格，不过不是所有的观点都适合图形表示，因此要依据表达观点慎重选择使用各类图形。

3. 文字排版

① 处理大量文字需要提炼主题，改变字号突出显示。
② 重点内容需要改变字体突出显示。
③ 项目符号的合理应用。
④ 孤行控制。
⑤ 保持文本的一致性。
⑥ 最大限度地减少幻灯片数量。
⑦ 幻灯片文本应保持简洁。
⑧ 及时检查拼写和语法。

5.6　PowerPoint 2016 综合应用案例

5.6.1　制作"毕业设计答辩演示"

毕业设计答辩是毕业生毕业前的最后一个环节，制作毕业设计答辩演示文稿可以辅助毕业生顺利完成毕业设计答辩，毕业设计答辩演示文稿既要让人感觉赏心悦目，又要将技术要点全部列出，因此演示文稿上的文字内容要高度概括、简洁明了、涵盖全面，要点突出，尽量使用图、表来展示，下面使用学过的 PowerPoint 2016 知识来制作"毕业设计答辩演示"。完成效果如图 5-86 所示。

图 5-86 "毕业设计答辩演示"幻灯片

1. 利用模板新建演示文稿

(1) 打开名为"毕业论文答辩 PPT 模板.pptx"演示文稿，选择【文件】菜单中【另存为】命令，单击界面的中部【浏览】命令打开"另存为"对话框，在"保存类型"栏中选择"PowerPoint 模板"，保持模板默认保存位置不变，单击 保存(S) 按钮，保存模板。

(2) 打开 PowerPoint 2016 应用程序，新建一个演示文稿，单击【文件】菜单中【保存】命令，单击界面的中部【浏览】命令打开"另存为"对话框，改变文件保存路径，修改文件名为"毕业论文答辩"，单击【保存】按钮保存。

(3) 单击【文件】菜单中【新建】命令，在打开的界面上单击【个人】选项卡后选择"毕业论文答辩 PPT 模板.potx"，在弹出的窗口上单击【创建】按钮应用模板。

2. 依照模板完成幻灯片制作

(1) 如图 5-86 所示在每张幻灯片上插入图片，输入文字。

(2) 在"数据库设计"这张幻灯片上插入一张 2 列 9 行的表格，设置表格样式为"中度样式 2.强调 2"。设置右侧图片样式为"柔化边缘椭圆"。

3. 设置母版，在母版中添加页眉页脚

在母版视图模式下设置"页眉页脚"的字体为"宋体、16 磅、加粗、黑色"，单击【插入】选项卡的【文本】功能区【页眉和页脚】按钮，打开【页眉和页脚】对话框，设置【日期和时间】为"自动更新"，【页脚】为"基于 Web 的考试分析评价系统"，选中【幻灯片编号】复选框，选中【标题幻灯片中不显示】复选框，单击【全部应用】按钮将设置应用到全部幻灯片，如图 5-87 所示。

图 5-87　【页眉和页脚】设置

4. 设置幻灯片切换效果

在【切换】选项卡【切换到此幻灯片】功能区选择"淡出"切换效果，单击【应用到全部】按钮实现全部幻灯片应用同一切换方式。至此，演示文稿的制作完成。

5.6.2　制作"个人简历"

随着网络的普及，PowerPoint 式的个人简历也逐渐进入招聘者的视线，一份制作精美的个人简历能够高效地推销自己，下面使用学过的 PowerPoint 2016 知识来制作一份个人简历。简历的背景颜色选用蓝色，因为蓝色是冷色，具有沉稳、理智的意象。

1. 制作第一张幻灯片

(1) 打开 PowerPoint 2016 应用程序，新建一个演示文稿，单击【文件】菜单中【保存】命令打开文件界面，单击窗口中部【浏览】按钮弹出【另存为】对话框，改变文件保存路径，修改文件名为"个人简历"，单击"保存"按钮保存。

(2) 在【开始】选项卡的【幻灯片】功能区，通过【新建幻灯片】按钮下拉列表框新建一张版式为"空白"的幻灯片。

(3) 将选项卡切换到【设计】，在【主题】功能区单击"电路"主题实现主题应用。

(4) 将光标定位到标题占位符上，输入"个人简历"，在【开始】选项卡【字体】功能区

将字体设置为"微软雅黑，60 号，黑色"。

(5) 将光标定位到副标题占位符上，输入如图 5-88 所示文字，在【开始】选项卡的【字体】功能区设置字体为"微软雅黑，20 号，黑色"。在【插入】选项卡的【插图】功能区单击【形状】按钮下方下拉箭头，选择"直线"，在如图 5-88 所示的位置拖动鼠标绘制一条直线。

2. 制作第二张幻灯片

(1) 新建第二张幻灯片，版式为"仅标题"。在标题占位符上输入"目录"，字体设置为"微软雅黑，54 号，黑色"。

(2) 如图 5-89 所示插入四个"矩形"形状，填充颜色为"红色"，通过复制粘贴的方式，将图片"目录标签 1.png""目录标签 2.png""目录标签 3.png"和"目录标签 4.png"放置到红色矩形上。再插入四个"矩形"形状，设置"矩形"大小均为高度为 1.6 厘米、宽度为 8.6 厘米，填充颜色"黑色"。输入图中文字，文字设置为"微软雅黑，20 号，白色"。

图 5-88　第一张幻灯片　　　　　　　　　　图 5-89　第二张幻灯片

3. 制作第三、四、五张幻灯片

(1) 新建第三张幻灯片，版式为"仅标题"。在【插入】选项卡的【插图】功能区单击【形状】按钮下方下拉箭头选择"椭圆"，同时按下【shift】键在如图 5-90 所示位置拖动鼠标绘制橙色圆形。圆形右侧插入文本框，输入文字，文字设置为"微软雅黑，32 号，黑色"，将"我"设置为"40 号，红色"。插入图片和文本框，按照图 5-90 输入文字，字体设置同第二张幻灯片，这样保持幻灯片风格一致。

(2) 依照上述步骤完成第四、五张幻灯片制作，如图 5-91、5-92 所示。

4. 制作完成其他幻灯片

(1) 新建第六张幻灯片，版式为"空白"。插入图片"工作经历.jpg"，调整到如图 5-93 所示的位置。依次插入文本框输入文字，设置标题字体为"微软雅黑，40 号，黑色"，内容设置为"微软雅黑，14 号，黑色"，文字"社会工作"、"学生工作"设置为 20 号。

(2) 依照上述步骤新建幻灯片，插入图片和文本框，输入如图 5-94、5-95 所示的文字，完成第七、八张幻灯片。

图 5-90　第三张幻灯片

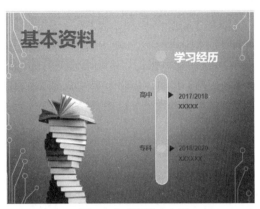

图 5-91　第四张幻灯片

图 5-92　第五张幻灯片

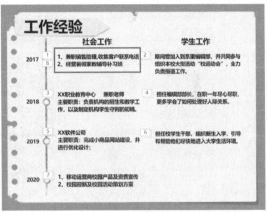

图 5-93　第六张幻灯片

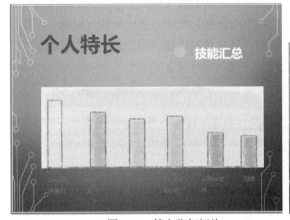

图 5-94　第七张幻灯片

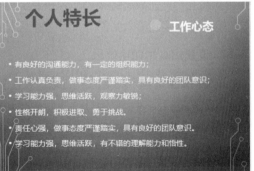

图 5-95　第八张幻灯片

5. 为幻灯片设置动画增加趣味性

(1) 选中第六张幻灯片中红线框中的内容，在【动画】选项卡的【动画】功能区选择【强调】选项组中的"下划线"选项。单击【高级动画】功能区【添加动画】按钮下方下拉箭头弹出下拉列表，在下拉列表【强调】选项组中选择【字体颜色】，在【效果选项】按钮下拉列表中选择颜色为"橙色"，在【计时】功能区的【开始】下拉列表中选择"上一动画同时"。

(2) 选中第六张幻灯片刚刚设置好的动画，双击【动画】选项卡的【高级动画】功能区中的【动画刷】按钮，依照如图 5-93 所示的顺序依次单击套用同一动画，让 7 个动画保持一致，完成后单击【动画刷】结束设置。设置好动画的动画窗格如图 5-96 所示。

图 5-96　设置好动画的动画窗格

6. 为幻灯片插入超链接，方便导航

选中第二张幻灯片上的"自我简介"，在【插入】选项卡的【链接】功能区单击【链接】按钮，打开【插入超链接】对话框，单击【本文档中的位置】命令，在"幻灯片标题"中选择"3.自我简介"，完成超链接操作，按照上述操作将"基本资料"超链接到第四张幻灯片，"工作经验"超链接到第六张幻灯片，"个人特长"超链接到第七张幻灯片。

7. 设置幻灯片切换效果

在【切换】选项卡的【切换到此幻灯片】功能区选择【华丽】选项组中的"门"，单击【应用到全部】按钮实现全部幻灯片应用同一切换方式。至此，个人简历演示文稿的制作完成。

【思考练习】

1. 创建演示文稿

1) 单击【文件】菜单中的【新建】命令，新建一个空白演示文稿，保存演示文稿到"\实验\ppt\"，文件名为"ppt 实验 2.pptx"，观察演示文稿中幻灯片张数；在【开始】选项卡的【幻灯片】功能区单击【新建幻灯片】按钮，新添加的幻灯片有文字内容吗？有背景图案吗？版式是什么？

2) 利用模板创建演示文稿后，在【开始】选项卡的【幻灯片】功能区单击【新建幻灯片】按钮，新添加的幻灯片有文字内容吗？有背景图案吗？

2. 编辑幻灯片

1) 新建空白演示文稿，保存在 "\实验\"，文件名为 "ppt 实验 3.pptx"。如图 5-97 所示输入文字，插入图片，观察普通视图和大纲视图中的幻灯片有什么变化。

图 5-97　演示文稿样板

2) 如何设置 "基本情况" 幻灯片背景颜色填充为 "橙色，个性色 2"， "已获证书" 幻灯片背景设置为 "再生纸"？

3. 母版应用

1) 打开 "\实验\ppt 实验 4.pptx"，单击【视图】选项卡的【母版视图】功能区【幻灯片母版】按钮，进入母版视图。

2) 将母版幻灯片的背景设为 "新闻纸"，在右下角添加一 "云形" 形状，单击【关闭母版视图】按钮退出母版视图。

3) 观察每张幻灯片有什么变化。

4) 再次进入母版视图模式，修改文本占位符的文字格式为 "红色，华文琥珀"，退出母版视图，观察每张幻灯片有什么变化。

4. 在制作演示文稿的过程中，你认为什么是最重要的？

5. 比较以往见过的演示文稿，你认为什么是好的演示文稿？

第 6 章

网络技术及信息安全

随着信息技术的持续发展，网络已经深入到当今社会的各个领域，建立了一个高效丰富的网络世界，可以为工作、学习、交流营造更加良好的环境。网络给人们生活带来便利的同时，也带来了信息安全问题。信息安全的实质就是要保护信息系统或信息资源免受各种类型的威胁、干扰和破坏。本章将重点介绍网络相关技术及信息安全知识。

【学习目标】

- 了解计算机网络的基本概念和基础知识，主要包括常用网络设施，网络协议与体系结构、IP 地址和 DNS 应用和家庭组网等
- 了解计算机信息安全概念和防控常识，主要包括信息安全技术、管理、道德、法律等内容
- 了解网络安全新技术

6.1 网络技术

6.1.1 网络概述

计算机网络是现代计算机技术和通信技术密切结合的产物，是随社会对信息传递和共享的要求而发展起来的。

1. 计算机网络定义

计算机网络就是利用通信设备和线路将地理位置不同的、功能独立的多个计算机系统相互连起来，以功能完善的网络软件(如网络通信协议、信息交换方式以及网络操作系统等)来实现网络中信息传递和共享的系统。

2. 计算机网络的发展过程

计算机网络从问世至今已经有半个多世纪的时间，其间历经了 4 个发展阶段，即初级阶段、计算机-计算机网络阶段、标准或开放的计算机网络阶段和高速、智能化的计算机网络阶段。

1) 计算机网络的初级阶段

在二十世纪 50 年代，人们通过通信线路将计算机与终端相连，通过终端进行数据的发送和接收，这种"终端-通信线路-计算机"的模式被称为远程联机系统，由此开始了计算机和通信技术相结合的年代，远程联机系统就被称为第一代计算机网络。

远程联机系统的结构特点是单主机多终端，所以从严格意义上讲，并不属于计算机网络范畴。

2) 多台计算机互联阶段

远程联机系统发展到一定的阶段，计算机用户希望各计算机之间可以进行信息的传输与交换。于是在二十世纪 60 年代出现了以实现"资源共享"为目的的多计算机互连的网络。

这一阶段结构上的主要特点是：以通信子网为中心，多主机多终端。1969 年在美国建成的 ARPAnet 首先实现了以资源共享为目的不同计算机互连的网络，成为今天互联网的前身。

3) 标准、开放的计算机网络阶段

1984 年 ISO 颁布了"开放系统互连基本参考模型"，这个模型通常被称作 OSI 参考模型。只有标准的才是开放的，OSI 参考模型的提出引导着计算机网络走向开放的标准化的道路，同时也标志着计算机网络的发展步入了成熟的阶段。

4) 高速、智能化的计算机网络阶段

近年来，随着通信技术，尤其是光纤通信技术的发展，计算机网络技术得到了迅猛的发展。用户不仅对网络的传输带宽提出越来越高的要求，对网络的可靠性、安全性和可用性等也提出了新的要求。网络管理逐渐进入了智能化阶段，包括网络的配置管理、故障管理、计费管理、性能管理和安全管理等在内的网络管理任务都可以通过智能化程度很高的网络管理软件来实现。计算机网络已经进入了高速、智能的发展阶段。

3. 计算机网络的分类

在计算机网络的研究中，常见的分类方法如表 6-1 所示。

表 6-1　计算机网络分类

分 类 角 度	种　　类
使用对象	公众网络：是指用于为公众提供网络服务的网络，如 Internet
	专用网络：是指专门为特定的部门或应用而设计的网络，如银行系统的网络
通信介质	有线网络：是指采用有形的传输介质如铜缆、光纤等组建的网络
	无线网络：使用微波、红外线等无线传输介质作为通信线路的网络

(续表)

分 类 角 度	种　　类
传输技术	广播式网络：是指网络中所有的计算机共享一条通信信道
	点到点网络：由一条通信线路连接两台设备，数据传输可能需要经过一台或多台中间通信设备
地理覆盖范围	局域网：覆盖范围大约是几千米以内，如一幢大楼内或一个校园内。学校或中、小型公司的网络通常都属于局域网
	城域网：覆盖范围大约是几千米到几十千米，它主要是满足城市、郊区的联网需求。例如，将某个城市中所有中小学互连起来所构成的网络就可以称为教育城域网
	广域网：覆盖范围一般是几十千米到几千千米以上，它能够在很大的范围内实现资源共享和信息传递。大家所熟悉的 Internet，就是广域网中最典型的例子

4. 计算机网络的拓扑结构

网络设备及线路按照一定关系构建成具有通信功能的组织结构，即网上计算机或设备与传输媒介形成的节点与线的物理构成模式就是计算机网络拓扑结构。其主要分为以下几类拓扑结构：

1）总线型：总线型拓扑结构如图 6-1 所示。网络中采用单条传输线路作为传输介质，所有节点通过专门的连接器连到这个公共信道上，这个公共的信道称为总线。总线型结构的网络是一种广播网络。任何一个节点发送的数据都能通过总线传播，同时能被总线上的所有其他节点接收到。

总线型网络形式简单，需要铺设的通信线缆最短，单个节点出现故障，一般不会影响整个网络，但是总线出现故障，就会导致整个网络的瘫痪。

2）星型：星型拓扑结构如图 6-2 所示。网络中有一个中心节点，其他各节点通过各自的线路与中心节点相连，形成辐射型结构。各节点间的通信必须通过中心节点的转发。

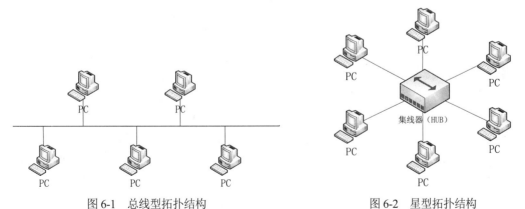

图 6-1　总线型拓扑结构　　　　　　图 6-2　星型拓扑结构

星型网络具有结构简单、易于建网和易于管理等特点。但是一旦中心节点出故障会直接造成整个网络的瘫痪。

3) 环型：环型拓扑结构如图 6-3 所示。在环型网络中，各节点和通信线路连接形成的一个闭合的环。在环路中，数据按照一个方向传输。发送端发出的数据，沿环绕行一周后，回到发送端，由发送端将其从环上删除。任何一个节点发出的数据都可以被环上的其他节点接收到。

环型网络具有安装便捷、易于监控等优点，但容量有限，网络建成后，增加节点困难。

4) 网状：网状拓扑结构如图 6-4 所示。在网状网络中，各节点和其他节点都直接相连。

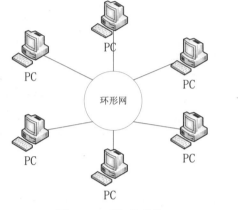 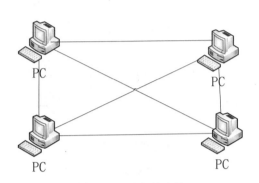

图 6-3　环型拓扑结构　　　　　　　　　　图 6-4　网状拓扑结构

在网状结构，节点之间存在多条路径可选，在传输数据时可以灵活地选用空闲路径或者避开故障线路，增加网络的性能和可靠性。网络结构安装复杂，需要敷设的通信线缆最多。

5. 计算机网络的功能

计算机网络功能可归纳为资源共享、数据通信、负载均衡、信息处理四项。其中最重要的是资源共享和数据通信。

资源共享：是网络的基本功能之一。资源共享不仅使网络用户克服地理位置上的差异，共享网络中的资源，还可以充分提高资源的利用率。例如，网络打印机、网络视频等都属于资源共享。

数据通信：是计算机网络的另一项基本功能。它包括网络用户之间、各处理器之间以及用户与处理器间的数据通信。例如，QQ 聊天等就是数据通信的常见应用。

负载均衡：负载均衡是指当网络的某个服务器负荷过重时，可以通过网络传送到其他较为空闲的服务器去处理。利用负载均衡可以提高系统的可用性与可靠性。例如，12306 网站最高日访问量 1500 亿次，负载均衡可以有效地分散客户到不同的服务器。

数据信息处理：以网络为基础，我们可以将从不同计算机终端上得到的各种数据收集起来，并进行整理和分析等综合处理。当前流行的大数据就是信息集中处理的典型应用。例如，淘宝的芝麻信用就是对一个人在淘宝上的各种行为综合分析得到的。

6.1.2　网络常用设备

计算机接入互联网需要经过传输介质和网络互联设备。

1. 传输介质

传输介质是网络中发送方和接收方之间传输信息的载体。也是网络中传输数据、连接各网络节点的实体。图 6-5 所示是常见的有线介质。

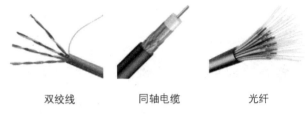

双绞线　　　　　　同轴电缆　　　　　　光纤

图 6-5　双绞线、同轴电缆、光纤

1) 双绞线

双绞线是由按规则螺旋结构排列的两根绝缘线组成。双绞线成本低，易于敷设，既可以传输模拟信号，也可以传输数字信号，但是抗干扰能力较差。

2) 同轴电缆

同轴电缆由外层圆柱导体、绝缘层、中心导线组成。同轴电缆可分成基带同轴电缆和宽带同轴电缆两种。

3) 光纤

光纤由缆芯、包层、吸收外壳和保护层 4 部分组成。光纤分为单模光纤和多模光纤两类。光纤的直径小，重量轻，频带宽，误码率很低，还有不受电磁干扰、保密性好等优点。在局域网的主干网络中，越来越多地采用光纤。

4) 无线信道

目前常用的无线信道有微波、卫星信道、红外线和激光信道等。

2. 网络互连设备

1) 网卡

网卡也被称作网络适配器，是计算机与互联网相连的接口部件。网卡具有唯一的 48 位二进制编号(即 MAC 地址)，相当于计算机的网络身份证。常见的网络设备如图 6-6 所示。

2) 中继器

中继器是一种解决信号传输过程中衰减而放大信号的设备，可以保证在一定距离内信号传输不会衰减。

3) 集线器

集线器是将多条线路的端点集中连接到一起的设备。它是一种信号再生转发器，可以把信号分散到多条线路上。

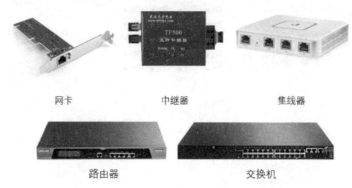

网卡　　　　　　　中继器　　　　　　　集线器

路由器　　　　　　　　　　交换机

图 6-6　网卡、中继器、集线器、路由器、交换机

4) 路由器

路由器是连接局域网与广域网或两种不同类型局域网的设备，在网络中起着数据转发和信息资源进出的枢纽作用，是网络的核心设备。当数据从某个子网传输到另一个子网时，要通过路由器来完成。路由器根据传输消耗、网络拥塞或信源与终点间的距离来选择最佳路径。

5) 交换机

交换机是一种在通信系统中完成信息交换功能的设备，有多个端口，能够将多条线路的端点连接在一起，并支持多个计算机并发连接，实现并发传输，改善局域网的性能和服务质量。

6.1.3　网络协议与体系结构

网络协议与体系结构是网络技术中最基本的两个概念。网络协议是网络通信的规则，网络体系结构是网络各层结构与各层协议的组合。

1. 网络协议

日常生活中的协议指的是参与活动的双方或多方达成的某种共识，例如打电话时，需要拨打"区号+电话号码"，这就是一种协议。网络协议指的是一组控制数据通信的规则，这些规则明确地规定交换数据的格式和时序。计算机网络是一个十分复杂的系统，为了确保这个系统能够正常工作，也需要多种协议，网络协议就是为了确保网络的正常运行而制定的规则。

2. 网络体系结构

协议是规则，是抽象的，计算机网络除了需要这些抽象的规则外，还需要有对这些抽象规则的具体实现方法。对于计算机网络这样复杂的系统，一次性地整体实现是不现实的，因此采取将复杂问题进行分层次解决的处理方法，把一个大问题分割成了相对容易解决的小问题，这就是网络体系结构的意义。网络体系结构主要有 OSI 参考模型和 TCP/IP 参考模型。

1) OSI 参考模型

OSI(Open System Interconnection Reference Model，开放式系统互联通信参考模型)将网络体系结构分成了 7 层，从低到高分别是：物理层、数据链路层、网络层、传输层、会话层、表示层、应用层。某一层都提供一种服务,通过接口提供给更高一层,高层无须知道底层如何实现这些服务的。这有点类似生活中能够接触到的邮政系统,发信人无须知道邮政系统的内部细节,只要贴足邮资,将信件投入邮筒,信件就可以到达收信人手中。在邮政系统中,发信人与收信人处于同一层次,邮局处于另一层次,邮局为收发信人提供服务,邮筒作为服务的接口。

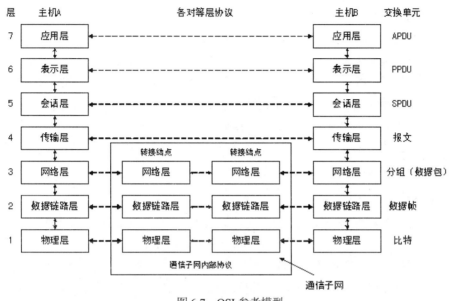

图 6-7 OSI 参考模型

2) TCP/IP 参考模型

TCP/IP(Transmission Control Protocol/Internet Protocol,传输控制协议/互联网协议)是目前使用最广泛的互联网标准协议之一。TCP/IP 参考模型只有 4 层,由低到高分别是网络接口层、网际层、传输层、应用层。TCP/IP 参考模型与 OSI 参考模型的对应关系如表 6-2 所示。

表 6-2 TCP/IP 与 OSI 对应关系

TCP/IP	OSI
应用层	应用层
	表示层
	会话层
传输层	传输层
网际层	网络层
网络接口层	数据链路层
	物理层

OSI 参考模型的初衷是希望为网络体系结构与协议的发展提供一种国际标准,但是随着因特网的发展,TCP/IP 得到了最广泛的应用。虽然 TCP/IP 不是国际标准,但是它由多所大学共同研究并完善,而且得到了各个厂商的大力支持,TCP/IP 现在已经是一个事实上的行业标准,并且由这个标准发展出了 TCP/IP 参考模型。

3. IP 地址

IP(Internet Protocol，互联网协议)地址在网络技术中具有极其重要的作用，无论是基础入门还是高端应用，都缺少不了 IP 地址的帮助。为了让读者有一个直观的印象，用打电话这个例子进行类比说明。假如要给张三打电话，首先要知道张三的电话号码，然后拨打、接通、说话。张三的这个电话号码必须是唯一的。每个人的电话号码都不能重复，这样，才能确保准确地联系到张三。在打电话的时候，自己也要有一个唯一的号码。不管打的电话是市话还是长途，运营商都应该能够准确地接通对方，关键就是号码的唯一性。互联网通信和电话通话有类似的地方，如果需要访问互联网，必须拥有一个唯一的 IP 地址，要访问的目标也必须有唯一的 IP 地址。IP 地址对于互联网通信的作用与电话通话的作用是一样的，所以说 IP 地址必不可少。

IP 地址是一种统一的格式，每一台主机都必须申请一个 IP 地址才能接入互联网。IP 地址的长度为 32 位二进制数字，分为 4 段，每段 8 位，每段数字范围为 0~255，段与段之间用点隔开。例如景德镇学院的 IP 地址为：121.192.132.2。

4. DNS 域名系统

如果要访问景德镇学院官网，可以在浏览器的地址栏中输入 http://121.192.132.2，但是这样的 IP 地址我们很难记住，所以引入了域名(网址)http://www.jdzu.edu.cn/，这样的域名记忆就容易多了。

在上网的时候，通常输入的是域名地址，而不是 IP 地址，但网络上的计算机彼此之间只能用 IP 地址才能相互识别。因此，需要一个记录 IP 地址与域名对应关系的数据库，DNS 就是在这种需求下产生的。

DNS 是 Domain Name System (域名系统)的缩写，它是由解析器和域名服务器组成的。域名服务器保存主机的域名和对应 IP 地址。一个域名可以对应一个或多个 IP 地址，而一个 IP 地址可以没有域名，也可以对应一个或多个域名。访问互联网某个网址时，首先通过域名解析系统找到网址相对应的 IP 地址，然后才能访问。

6.1.4 案例：搭建家庭网络

到目前为止，我们已经介绍了网络的基础知识，包括网络的硬件设备和通信协议，现在需要运用这些知识，做一个家庭网络的搭建实验。

1. 问题描述

当今家庭大多拥有不止一台的上网设备，包括台式机、笔记本、手机和平板电脑等，如何使这些设备共享上网是需要解决的问题。

2. 解决方案

使用无线路由器可以满足这一需求。无线路由器目前已被广泛使用，在家庭、办公区域合适的范围内可以自由上网，而深受大家欢迎。

3. 具体设置步骤

1) 连接路由器

用一根网线连接电脑网络接口和路由器的任意 LAN 口，然后启动电源。

2) 配置电脑网卡

(1) 在桌面选中【网络】右击，选中功能区的【属性】命令，打开【网络和共享中心】对话框，如图 6-8 所示。

图 6-8 网络和共享中心

(2) 单击【更改适配器设置】，打开【网络连接】对话框，右击【以太网】图标，选中功能区的【属性】命令打开【以太网属性】对话框，选择【Internet 协议 4(TCP/IPv4)】，单击【属性】打开【Internet 协议 4(TCP/IPv4)属性】对话框，在【常规】选项卡中选中【自动获得 IP 地址】和【自动获得 DNS 服务器地址】选项，如图 6-9 所示。

图 6-9 TCP/IP 属性

3) 设置无线路由器

(1) 按照说明书打开浏览器输入登录地址，登录路由器，输入管理员账号和密码，单击【登录】按钮，如图 6-10 所示。

图 6-10　登录页面

(2) 无线路由器会自动侦测网络连接类型，如图 6-11 所示。

图 6-11　自动侦测

(3) 自动进入了默认管理界面，单击【手动设置】按钮进入高级设置界面，在此界面可以单击【设置】按钮来设置无线密码，如图 6-12 所示。

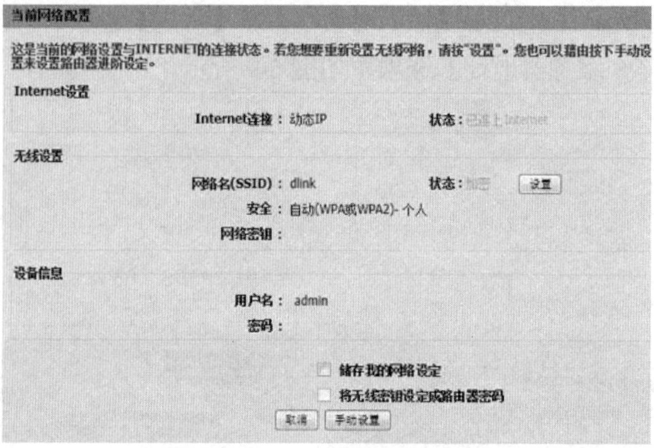

图 6-12　网络配置

(4) 单击【手动设置】打开【因特网连接类型】对话框，宽带用户在【我的因特网连接是：】的下拉列表中选择【PPPoE(用户名/密码)】，输入宽带的用户名、密码以及确认密码后保存，如图 6-13 所示。

(5) 如果在第三步设置了无线密码，下面设置无线的步骤可以省略，单击左边选项卡的【无线连接】打开【无线连接】页面，如图 6-14 所示。

(6) 单击【手动无线连接安装】按钮打开【无线连接】对话框，在底部【WPA/WPA2】栏中的【网络密钥】文本框中输入密码(此密码是 WIFI 密码)即可，其他可以不用动。无线网络名称中的 dlink 为无线设备搜索时看到的名字，也可以改一个自己喜欢的名称，如图 6-15 所示。

图 6-13　设置用户名和密码

图 6-15　设置密码

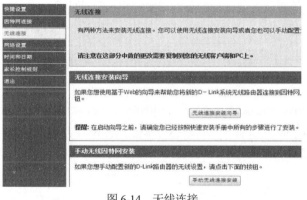

图 6-14　无线连接

(7) 保存后用一根网线连接光猫和路由器的 WAN 端口。手机、笔记本、iPad 输入刚刚设置的无线密码连接即可。

6.2　信息安全

网络技术在为人们提供丰富多彩的精神文化生活的同时，也带来了一些安全方面的问题。一些不法分子试图利用各种手段对他人计算机的安全造成威胁。人们都希望自己的网络设备能够更加可靠地运行，不受外来入侵者的干扰和破坏。因此，计算机网络的安全越来越受到人们的重视。

6.2.1　信息安全概述

信息安全是指网络系统的硬件、软件及其他系统中的数据受到保护，不因偶然或者恶意的攻击而遭受丢失、篡改或泄露，系统可连续可靠正常运行，网络服务不会中断。信息安全研究的是如何在网络上进行安全通信的技术。

信息安全的目的是通过各种技术和管理措施，使网络系统和各项网络服务正常工作，经过网络传输和交换的数据不会发生丢失、篡改或泄露，确保网络的可靠性，网络数据的完整性、可用性和机密性。

明确信息安全的目的后，我们就可以从威胁信息安全的方式入手，探讨信息安全的防御措施，从硬件到软件、从技术到管理、从道德到法律，建立起信息安全体系结构。

6.2.2 信息安全威胁

信息安全面临的威胁是多方面的，有人为原因，也有非人为原因，其安全威胁主要表现在以下方面。

1. 网络自身特性所带来的安全威胁

由于网络的开放性、自由性和互联性，使对信息安全的威胁可能来自物理传输线路，也可能来自对网络通信协议的攻击，或利用计算机软件或硬件的漏洞来实施攻击。这些攻击者可能来自本地或本国，也可能来自全球任何国家。

2. 网络自身缺陷所带来的安全威胁

1) 网络协议缺陷所带来的安全威胁

目前互联网使用最广泛的是 TCP/IP 协议，该协议在设计时由于考虑不周(也可能当时不存在这方面的安全威胁)或受当时的环境所限，或多或少存在一些设计缺陷。网络协议的缺陷是导致网络不安全的主要原因之一。但是安全是相对的，不是绝对的，没有绝对安全可靠的网络协议。

2) 操作系统、服务软件和应用软件自身漏洞所带来的安全威胁

Windows、Linux 或 UNIX 操作系统、服务器端的各种网络服务软件以及客户端的应用软件(Adobe Reader、Flash Player 等)都或多或少地存在因设计缺陷而产生的安全漏洞(例如普遍存在的缓冲区溢出漏洞)，这也是影响信息安全的主要原因之一。

3. 网络攻击与入侵带来的安全威胁

1) 病毒和木马的攻击与入侵带来的安全威胁

病毒和木马是最常见的信息安全威胁。计算机病毒指编制或者在计算机程序中插入的，破坏计算机功能或数据，影响计算机使用并且能够自我复制的一组计算机指令或者程序代码，具有传染性、隐蔽性、潜伏性、破坏性。理论上，木马也是病毒的一种，它可以通过网络，远程控制他人的计算机，窃取数据信息(例如网银、网游的账号和密码，或其他重要信息资料)，给他人带来严重的威胁。

木马与普通病毒的区别在于木马不具备传染性，隐蔽性和潜伏性更突出。普通病毒主要是破坏数据，而木马则是窃取他人数据信息。

2) 黑客攻击与入侵带来的安全威胁

黑客使用专用工具和采取各种入侵手段非法进入网络、攻击网络，并非法获取网络信息资

源。例如，通过网络监听获取他人的账号和密码；非法获取网络传输的数据；通过隐蔽通道进行非法活动；采用匿名用户访问攻击等等。

4. 网络设施本身和所处的物理运行环境所带来的安全威胁

计算机服务器和网络通信设施(路由器、交换机等)需要一个良好的物理运行环境，否则将会给网络带来物理上的安全威胁。

5. 网络安全管理不到位、安全防护意识薄弱和人为操作失误带来的安全威胁

网络安全管理不到位，管理员的安全防范意识薄弱，系统安全管理和设置不到位，以及管理员的操作失误，也会造成严重的信息安全威胁。

6.2.3　信息安全保障措施

要保障信息安全，不仅要从技术角度采取一些安全措施，还要在管理上制定相应的安全制度规范，配合相应的法律法规，整体提高信息系统安全。

1. 网络安全防范技术

1) 网络访问控制

网络访问控制是保障网络资源不被非法入侵和访问。访问控制是信息安全中最重要的核心措施之一。

① 使用防火墙技术，实现对网络的访问控制，既保护内部网络不受外部网络(互联网)的攻击和非法访问，还能防止病毒在局域网中传播。防火墙技术属于被动安全防护。

② 使用入侵防御系统，进行主动安全防护。入侵防御系统能实施监控、检测和分析数据流量，并能深度感知和判断哪些数据是恶意的，并将恶意数据进行丢弃以阻断攻击。

2) 网络缺陷弥补

解决网络的自身缺陷主要是靠弥补服务器和用户主机的通信协议和系统安全。为此，可以从以下几方面入手。

① 服务最小化原则，删除不必要的服务或应用软件。

② 及时给系统和应用程序打补丁，提高操作系统和应用软件的安全性。

③ 用户权限最小化原则。对用户账户要合理设置和管理，并设置好用户的访问权限。

④ 加强口令管理，杜绝弱口令的存在。

3) 攻击与入侵防御

杀毒软件是一种可以对病毒、木马等这类对计算机有危害的程序代码进行清除的程序工具。杀毒软件通常集成监控识别、病毒扫描与清除、自动升级病毒库、主动防御等功能，有的杀毒软件还带有数据恢复等功能，是计算机防御系统(包含杀毒软件、防火墙、特洛伊木马和其他恶意软件的查杀程序和入侵预防系统等)的重要组成部分。

4) 物理安全防护

物理安全防护是保护计算机系统、网络服务器、打印机等硬件设备和通信链路免受自然灾害、人为破坏和搭线攻击，包括安全地区的确定、物理安全边界、物理接口控制、设备安全、防电磁辐射等。

2. 网络安全管理措施

除技术手段外，加强网络的安全管理，制定相关配套措施的规章制度、确定安全管理等级、明确安全管理范围、采取系统维护方法和应急措施等，对网络安全、可靠地运行，将起到重要的作用。

网络安全策略是一个综合、整体的方案，不能仅仅采用上述孤立的一个或几个安全方法，要从可用性、实用性、完整性、可靠性和保密性等方面综合考虑，才能得到有效的安全策略。

3. 网络安全道德与法律

为了保证信息的安全，除了运用技术和管理手段外，还要用道德手段约束、法律手段限制。通过道德感化、法律制裁，可以使攻击者产生畏惧心理，达到惩一儆百、遏制犯罪的效果。

1) 信息安全保障的道德约束

从道德层面考虑信息安全的保障问题，至少应当明确：在信息安全问题上，什么人负有特定的道德责任和义务？这些道德责任和义务有哪些具体的内容？对于信息安全负有道德责任和义务的人员大致可以分为三种类型：信息技术的使用者、开发者和信息系统的管理者。为了保障信息安全，这三种类型的人都应履行特定的道德义务，并要为自己的行为承担相应的道德责任。根据其活动、行为的不同性质及与信息安全的不同关系，可以为这三种类型的人拟定各自应遵循的主要的道德准则，从而形成三个不同的道德准则系列。

信息技术的使用者的道德准则

① 不应非法干扰他人信息系统的正常运行；

② 不应利用信息技术窃取钱财、智力成果和商业秘密等；

③ 不应未经许可而使用他人的信息资源。

信息技术的开发者的道德准则

① 不应将所开发信息产品的方便性置于安全性之上；

② 不应为加速开发或降低成本而以信息安全为代价；

③ 应努力避免所开发信息产品自身的安全漏洞。

信息系统的管理者的道德准则

① 应确保只向授权用户开放信息系统；

② 应谨慎、细致地管理、维护信息系统；

③ 应及时更新信息系统的安全软件。

2) 信息安全保障的法律法规

从法律层面上看，应当说，法律以其强制性特点而能够成为保障信息安全的有力武器。我国多部法律内容都涉及信息安全相关内容，比如《宪法》《刑法》《刑事诉讼法》等等。2017年6月1日开始实施的《中华人民共和国网络安全法》，将网络空间主权、个人信息保护、网络产品和服务提供者的安全义务、网络运营者的安全义务、临时限网措施、关键信息基础设施安全保护等写入法律，以这样的法律为依据打击破坏信息安全的各种违法、犯罪行为，可以明显减少对于信息安全的威胁。

《中华人民共和国网络安全法》的二十二条规定了：

网络产品、服务应当符合相关国家标准的强制性要求。网络产品、服务的提供者不得设置恶意程序；发现其网络产品、服务存在安全缺陷、漏洞等风险时，应当立即采取补救措施，按照规定及时告知用户并向有关主管部门报告。

网络产品、服务的提供者应当为其产品、服务持续提供安全维护；在规定或者当事人约定的期限内，不得终止提供安全维护。

网络产品、服务具有收集用户信息功能的，其提供者应当向用户明示并取得同意；涉及用户个人信息的，还应当遵守本法和有关法律、行政法规关于个人信息保护的规定。

《刑法》也对故意制作、传播计算机病毒等破坏程序和利用计算机实施金融诈骗、盗窃、贪污、挪用公款、窃取国家秘密或者其他犯罪的各种行为，给出了相应的定罪处罚规定。

6.3 信息安全新技术

6.3.1 生物识别安全

作为一种新兴的技术，生物识别技术主要是利用每个人的身体特征各不相同且难以复制的优点进行信息认证和身份识别。随着近些年指纹识别、虹膜识别、视网膜识别、人脸识别等技术在生活中被广泛应用，生物识别技术愈发受到人们重视。

1. 指纹识别

生物识别技术中的指纹解锁是目前应用范围最广的一种，也是目前为止技术较为完善，安全性较为可靠的生物识别技术，目前主流的手机上都配置指纹识别功能，并且指纹解锁速度可以达到 0.2 秒，十分迅速，同时还支持多个指纹的录入和识别，技术已经相当完善。

2. 人脸识别

在人脸识别领域中，生物识别技术同样保证了信息的安全。部分手机和银行业务，已经提供了人脸识别登录和认证服务，准确率也比较高。这一技术也发展出了"刷脸支付"等新功能。

3. 虹膜识别

虹膜识别技术的生物基础和指纹识别的原理相同，人的虹膜具有唯一性，为实现信息认证保障信息安全提供了理论基础。现实中也已经有电子厂商将这一技术运用到了实际产品当中，比如三星 S 系列的手机，就配备了虹膜识别技术，但是虹膜识别目前对环境的要求比较高，尤其是在暗光环境下，识别效果还有待提升，相比于指纹识别，虹膜识别在完成产业化的道路上还有很长的路要走。

在未来，生物识别技术将会被用于所有的准入与识别系统，让人们可以抛弃所有的外带、实物性质的卡片、证件等。比如身份证的取消，在需要识别身份的时候，只需识别指纹、人脸或虹膜等生物信息便可以实现。再如，生物识别技术全面应用到线下购物场景当中，比如超市消费不需要再通过手机支付宝、微信等 App 进行指纹支付，而是直接在超市收银台按指纹(人脸识别、虹膜识别)就可完成付款；甚至在未来，实体货币也将消失，取而代之的是将个人账户资金与生物识别技术结合，实现无纸币化购物、消费等，这一切就在不远的将来。

6.3.2 云计算信息安全

近年来，云计算在 IT 技术领域大放异彩，成为引领技术潮流的新技术。云计算的优势十分明显，可以通过一个相对集中的计算资源池，以服务的形式满足不同层次的网络需求。云计算规模化和集约化特性，也带来新的信息安全。云计算安全的关键技术有：安全的测试与验证机制、认证访问权限控制机制以及隔离机制等。

1. 安全测试与验证机制

在云计算产品的开发阶段，针对安全进行专门的测试和验证是必不可少的。现阶段即便是针对传统软件产品的安全性测试已经非常困难，而云计算自身的独特环境又增加了安全性测试的挑战性。就目前来看，云计算的安全行测试与验证机制主要有：增量测试机制、自动化测试机制以及基于 Web 的一些专门测试工具。

2. 认证访问和权限控制机制

云计算环境中的授权认证访问和权限控制机制是防止云计算服务滥用、避免服务被劫持的重要安全手段之一。这里主要从服务和云用户两个视角说明对云计算认证访问和权限控制机制的应用方式。

以服务为中心的认证访问和权限控制机制是对请求验证和授权的用户设置相应权限和控制列表来验证和授权。在进行认证与权限访问控制的方面，对于云计算用户采用联网认证的方式来对系统中的用户权限控制保证其安全性，需要将用户的相关信息交给第三方进行相应的维护与管理，这种方式能够很大程度上解决用户的安全隐患问题。

3. 安全隔离机制

在进行安全隔离管理机制处理的过程中，主要有两个方面的考虑：第一个方面是需要对云计算中用户的基础信息的安全性进行管理与保护，方便云计算服务提供商对云计算中用户的基础信息进行管理，另外一个方面是需要降低其他的对用户的行为进行恶意攻击及一些误操作带来的安全隐患行为。

4. 网络层次

云计算本质就是利用网络，将处于不同位置的计算资源集中起来，然后通过协同软件，让所有的计算资源一起工作完成某些计算功能。这样在云计算的运行过程中，需要大量的数据通过网络传输，在传输过程中数据私密性与完整性存在很大威胁。云计算是时刻接入网络的，这样用户才能够通过网络方便地使用各种云计算资源，这使得云计算资源需要分布式部署路由，域名配置更复杂，更容易遭受网络攻击。

6.3.3　大数据信息安全

大数据发展过程中，资源、技术、应用相互依托，螺旋式上升发展。无论是商业策略、社会治理、还是国家战略的制定，都越来越重视大数据的决策支撑能力。但也要看到，大数据是一把双刃剑，大数据分析预测的结果对社会安全体系所产生的影响力和破坏力可能是无法预料和提前防范的。例如，美国一款健身应用软件将用户健身数据的分析结果在网络上公布，结果涉嫌泄露美国军事机密，这在以往是想象不到的。

2018 年 7 月 12 日，在 2018 中国互联网大会上，中国信息通信研究院发布了《大数据安全白皮书(2018 年)》，在该白皮书中提到，大数据安全以技术作为切入点，梳理分析当前大数据的安全需求和涉及的技术，提出大数据安全技术总体分为大数据平台安全、数据安全和个人隐私保护三个层次。

1. 大数据平台安全技术

大数据平台逐步开发了集中化安全管理、细粒度访问控制等安全组件，对平台进行了安全升级。部分安全服务提供商也致力于通用的大数据平台安全加固技术和产品的研发。这些安全机制的应用为大数据平台安全提供了基础机制保障。

2. 数据安全技术

数据是信息系统的核心资产，是大数据安全的最终保护对象。除大数据平台提供的数据安全保障机制之外，目前所采用的数据安全技术，一般是在整体数据视图的基础上，设置分级分类的动态防护策略，降低已知风险的同时考虑减少对业务数据流动的干扰与伤害。对于结构化的数据安全，主要采用数据库审计、数据库防火墙，以及数据库脱敏等数据库安全防护技术；对于非结构化的数据安全，主要采用数据泄露防护(Data leakage prevention，DLP)技术。同时，细粒度的数据行为审计与追踪溯源技术，能帮助系统在发生数据安全事件时，迅速定位问题，查漏补缺。

3. 个人隐私保护技术

大数据环境下，数据安全技术提供了机密性、完整性和可用性的防护基础，隐私保护是在此基础上，保证个人隐私信息不发生泄露或不被外界知悉。目前应用最广泛的是数据脱敏技术，学术界也提出了同态加密、安全多方计算等可用于隐私保护的密码算法。

大数据安全标准是保障大数据安全、促进大数据发展的重要支撑，加快大数据安全标准化的研究尤为迫切。除了完善相关体系、制度、标准外，加强大数据环境下网络安全问题的研究和基于大数据的网络安全技术的研究，落实信息安全等级保护、风险评估等网络安全体制也是解决信息安全问题的关键。

【思考练习】

实验一：接收邮件

实验准备：配置 Outlook 模拟环境

实验要求：

接收并阅读由 xuexq@mail.neea.edu.cn 发来的 E-mail，并将随信发来的附件以文件名 dqsj.txt 保存到 C:\00000000 下。

实验步骤：

(1) 打开 Outlook 2016；

(2) 单击【发送/接收所有文件夹】按钮，接收完邮件之后，在【收件箱】右侧邮件列表窗格中会出现一封邮件，单击此邮件，在右侧窗格中可显示邮件的具体内容。

(3) 在已经打开的邮件中，右击【回形针】标签下载附件并保存在指定文件夹下。

实验二：撰写、 发送邮件

实验准备：配置Outlook模拟环境

实验要求：

向部分门经理发送一封E-mail，并将C:\00000000下的一个Word文档Sell.DOC作为附件一起发送，同时抄送给总经理。具体如下：

【收件人】zhangdeli@126.com

【抄送】wenjiangzhou@126.com

【主题】销售计划演示

【内容】"发去全年季度销售计划文档，在附件中，请审阅。"

实验三：向多个收件人发送邮件

实验准备：配置Outlook模拟环境

实验要求：

向课题组成员小赵和小李分别发 E-mail，主题为"紧急通知"，具体内容为"本周二下午一时，在学院会议室进行课题讨论，请勿迟到缺席！"。发送地址分别是：zhaoguoli@cuc.edu.cn 和 lijianguo@cuc.edu.cn。

第7章

新一代信息技术

【学习目标】
- 初步了解大数据
- 初步了解云计算
- 初步了解区块链
- 初步了解虚拟现实

7.1 了解大数据知识

7.1.1 初识大数据

在现实世界里的一分钟，一个人能做些什么呢？其实，我们能做的十分有限，可能只是刚刚拿出手机，也可能是刚刚迈出脚步。但是，互联网上的一分钟会发生很多惊人的事情，积累数量惊人的数据。

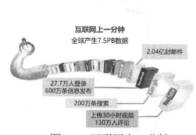

图 7-1　互联网上一分钟

图 7-2　数据的分类

1. 数据的分类

我们每天产生庞大的数据，微信聊天、天猫购物是数据吗？这些数据又是怎样分类的呢？

数据不仅指狭义上的数字，也可以指具有一定意义的文字、字母、数字符号的组合，图形，图像，视频，音频等，还可以是客观事物的属性、数量、位置及其相互关系的抽象表示。例如，"0，1，2…""阴、雨、下降、气温""学生的档案记录、货物的运输情况"，以及"微信语音聊天、微信视频聊天产生的音频或视频、微信朋友圈的照片"等都是数据。按照获取方式不同，数据可以划分为结构化数据、非结构化数据和半结构化数据三大类。

据统计，企业中20%的数据是结构化数据，80%的数据则是非结构化或半结构化数据。如今，全世界结构化数据增长率大概是32%，而非结构化数据增长率则是63%。

2．大数据概念

"大数据"一词越来越多地被提及，人们用它来描述和定义信息爆炸时代产生的海量数据。大数据概念早已有之，但大量专业学者、机构从不同的角度来理解大数据，加之大数据本身具有较强的抽象性，目前国际上尚没有一个统一公认定义。但是随着时间的推移，人们越来越多地意识到大数据对企业的重要性。大数据时代已近降临，在商业、经济及其他领域中，决策将日益基于数据和分析而做出，而非基于经验和直觉。

3．大数据的特征

舍恩伯格·库克耶在《大数据时代》一书中这样定义大数据：不用随机分析法(抽样调查)这样的捷径，而采用所有数据进行分析处理。大数据的4V特点：Volume(大量)、Velocity(高速)、Variety(多样)、Value(价值)，如图7-3所示。

1) 数据体量巨大(Volume)

大数据首要特征体现为"量大"，存储单位从GB到TB，直至PB、EB、ZB，如图7-4所示。1PB=1024TB，1EB=1024PB。

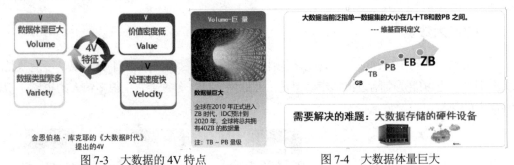

图 7-3　大数据的 4V 特点　　　　图 7-4　大数据体量巨大

2) 数据类型多样性(Variety)

丰富的数据来源导致大数据的形式多样性，这要求大数据存储管理系统能适应对各种非结构化数据进行高效管理的需求，如图7-5所示。在人类活动产生的全部数据中，仅有非常少的一部分(1%数值型数据)得到深入分析和挖掘，而占总量近60%的语音、图片、视频等非结构化数据难以进行有效分析。

3) 价值密度低(Value)

价值密度的高低与数据总量的大小成反比。以视频为例，一部 1 小时的视频，在连续不间断的监控中，有用数据仅有一两秒，如何通过强大的机器算法迅速地完成数据的价值"提纯"，成为目前大数据背景下亟待解决的难题，如图 7-6 所示。

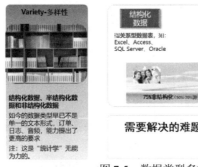

图 7-5　数据类型多样性(Variety)

图 7-6　价值密度低(Value)

4) 处理速度快(Velocity)

大数据对处理数据响应的速度有严格要求，处理速度快，需对数据实时分析，数据输入处理几乎要求无延迟。

7.1.2　大数据技术

1. 大数据关键技术

大数据技术围绕大数据产业链，分为：大数据采集，大数据存储管理和处理，大数据分析和挖掘，大数据呈现和应用 4 个方面。大数据领域不断在涌现大量新的技术，它们成为大数据采集、存储、处理和呈现的有力武器，如图 7-7 所示。

1) 大数据采集

大数据采集技术指通过 RFID 射频数据、传感器数据、社交网络交互数据、移动互联网数据和应用系统数据抽取等技术获得的各种类型的结构化、半结构化和非结构化的海量数据，是大数据知识服务模型的根本，也是大数据的关键环节。按获取的方式不同，大数据采集分为设备数据采集和 Web 数据爬取，如图 7-8 所示。

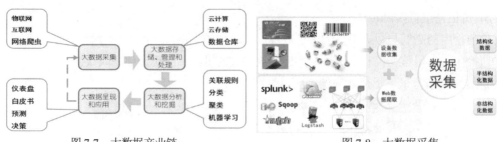

图 7-7 大数据产业链   图 7-8 大数据采集

2) 大数据存储管理和处理

大数据在存储管理之前，进行数据预处理，包括数据清理、数据集成、数据转换、数据规约。大数据存储是利用存储器把经过预处理后的数据存储起来，建立相应的数据库，形成数据中心，并进行管理和调用。分布式文件系统在大数据领域是最基础、最核心的功能组件。人们常用的分布式磁盘文件系统是 HDFS(Hadoop 分布式文件系统)、GFS(Google 分布式文件系统)、KFS(Kosmos 分布式文件系统)等；常用的分布式内存文件系统是 Tachyon 等，如图 7-9 所示。

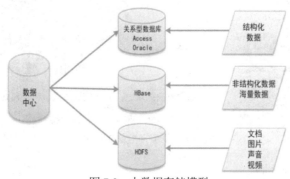

图 7-9 大数据存储模型

3) 大数据分析与挖掘

大数据处理主要是分布式数据处理技术，它与分布式存储形式和业务数据类型有关。目前主要的数据处理计算模型包括 MapReduce 分布式计算框架、分布式内存计算系统、分布式流计算系统等，如图 7-10 所示。

图 7-10 大数据处理

大数据分析是大数据技术的核心，是提取隐含在数据中的、人们事先不知道的、但又是存在潜在价值的信息和知识的过程。大数据预测技术包括对已有数据信息进行分析的分布式统计分析技术，以及对未知数据信息进行预测的分布式挖掘和深度学习技术。分布式统计分析技术基本可由数据处理技术直接完成，而分布式挖掘和深度学习技术则可以进一步细分为关联分析、聚类、分类和深度学习。

4) 大数据呈现和应用

在决策支持场景下，将分析结果直观呈现给用户，是大数据分析的重要环节。在嵌入多业务的闭环大数据应用中，一般由机器根据算法直接应用分析结果，而无需人工干预。

2. 大数据典型案例解析——朝阳大悦城的大数据运用案例

第 1 步：通过 Wi-Fi+微信的登录方式获取客户消费数据。

① 会员分析。朝阳大悦城在商场的不同位置安装了将近 200 个客流监控设备，并通过 Wi-Fi 站点的登录情况获知客户的到店频率，通过与会员卡关联的优惠券得知受消费者欢迎的优惠产品。

② 建立信息关联，提供针对性服务。打通微信与实体会员卡之间的数据，获得会员的消费数据、阅读行为、会员资料后，可以更好地了解消费者的消费偏好和消费习惯，从而更有针对性地提供一系列会员服务。

第 2 步：大数据助力大悦城转型"预测型销售"。

通过大数据的分析，可以充分掌握每家店铺的详细特征，从而进一步根据其特点进行销售规划，需要按商业逻辑进行深入细致的分析，根据商户的商业特点和潜力进行销售规划。大数据在这一销售过程中起到了至关重要的作用，成功帮助大悦城由传统的商业型销售转变为以大数据为主导的预测型销售。

大数据分析：数据显示，两家店的销售额相同，进一步进行数据分析可以发现，第一家的客流量较大，提袋率较高，但是客单价相对较低；而第二家店客流量较低，提袋率也不是非常高，但是客单价相对较高。

原因分析：第一家商户属于低价产品快速行销，第二家商户则属于通过有忠诚度的消费者进行多次购买来支撑销售。可以想象，若想提升两家商户的销售额，第二家商户就要提高交易笔数，而对于第一家商户，只要客流量继续提升就能够起到增加销售额的效果。

销售策略：对于第一家商户的销售提升手段可以是促销型活动，而第二家商户的销售提升手段则是体验型活动。

第 3 步：从传统营销的盲目宣传转向"智慧营销"。

如果大悦城想在"妇女节"举办活动，首先就会对大悦城的女性消费群体进行了系统的数据分析。通过数据分析可以发现，这些女性消费者大多到店频率较高，而购买消费金额较低。多数消费者是属于日常工作压力较大，工作相对较紧张的工作人群。"妇女节"这天，这些女性消费者往往希望放假但很多公司可能由于各种原因无法休假。大悦城就策划了一次"你逛街，我付工资"的活动。在"妇女节"这天，给到店的前二十名女性按北京市最新的平均工资补发半天工资。

效果：活动策划完毕后，便在大悦城的微信和微博上进行相应宣传。活动一经发布，就得到了大悦城众多女性消费者相当高效的传播。这项活动的成功策划也为大悦城带来了喜人的效果，"这项活动策划的实施经费实际上不过3000多元支出，但是当天客流增长了近68%，销售额增加了50%左右。报道和传播的品牌收益更是不可估量。"

3. 大数据应用

1) 工业应用

工业大数据采取科学的大数据技术，涉及工业设计、生产管理等流程让工业系统拥有各种智能化模块，诸如诊断、预测、描述、控制等。

研发设计环节：通过大数据的科学分析，合理处理好产品数据，构建企业级产品数据库，满足工程组织设计相关要求。

供应链环节：通过射频识别技术、产品电子识别技术、互联网技术等得到完整产品供应链大数据，不断优化供应链，采用科学数据分析工具，预测工具提升商业运营、用户体验。

生产制造环节：智能生产，在生产线配置传感器，采集数据资料，实现生产过程实时监测，将工厂从被动式管理走向智能网络化管理，有效控制生产成本。

2) 农业应用

大数据在农业应用领域非常广泛，主要应用于农业生产智能化，如运用地面观测传感器、遥感和地理信息技术等，加强农业生产环境、生产设施和动物植物本体感知数据的采集，汇聚和关联分析，完善农业生产进度智能监控体系，加强农植保肥、农药、饲料、疫苗、农机作业等相关数据实时监测与分析。

大数据还可以应用于农业资源环境的精准检测、农业自然灾害预测预报、动物疫情和植物病虫害监测预警、农业产品质量安全全程追溯、农作物种业全产业链信息查询和可追溯、农产品产销信息监测预警、农业科技创新数据资源云平台等。

3) 教育应用

大数据将成为驱动未来教育发展的新引擎。大数据可以解学校治理之困，成为学校治理现代化新途径，可运行和维护学校各类人事信息、教育经费、办学条件和服务管理的数据，全方位整合、分析、研判这些数据，为学校科学管理提供数据支撑。大数据还可以助精准教学之力，全面、真实、动态记录教育教学全过程，通过数据分析与应用，有力改变传统教育教学模式，使精准教学成为可能，帮助学生更准确地实现自我认识、自我发展。

4) 医疗应用

大数据促进精准医疗，通过全面分析病人特征数据和疗效数据，比较多种干预措施的有效性，为病人出具个性化的诊疗方案。通过远程病人监控，对慢性病人的远程监控系统收集数据，并将分析结果反馈给监控设备，从而确定今后的用药和治疗方案。大数据的使用可以改善公共健康监控，公共卫生部门通过覆盖全国的患者电子病历数据库，快速检测传染病，进行全面的疫情监测，并通过集成疾病监测和响应程序，加速进行响应。

5) 政府治理和民生应用

运用大数据提升政府治理能力，推进政府政务服务模式创新，通过大数据推进政府管理和社会治理，实现政府决策，科学社会治理精准化，公共服务高效化，充分利用大数据技术和手段，更好地解决社会治理和民生服务痛点和难点。

7.2　云计算

7.2.1　理解什么是云计算

现如今云计算频繁出现在我们的视野中，越来越多的应用都建立在云平台上，如天猫、淘宝、美团、携程、12306 等。实际上，云服务已经诞生了十多年，且应用到了各行各业中。灵活的调度，强大的计算能力，低廉的价格，使得云计算成为潮流。那么，到底什么是云计算呢？

1. 云计算概念

1) "云"是什么

"云"是云计算服务模式和技术的形象说法。"云"是由大量基础单元组成，这些基础单元之间通过网络汇聚为庞大的资源池，可以看作是一个庞大的网络系统，一个"云"内可包含数千甚至上万个服务器。

2) 云计算的定义

云计算是一种通过网络统一组织和灵活调用各种 ICT(信息与通信技术)信息资源，实现大规模计算的信息处理方式。云计算利用分布式计算和虚拟资源管理等技术，通过网络将分散的 ICT 资源(包括计算与储存、应用运行平台、软件等)集中形成共享资源池，以动态按需和可度量方式向用户提供服务。用户可使用各种形式的终端(如 PC、平板电脑、智能手机、甚至智能电视等)通过网络获取 ICT 资源服务。

3) 云计算的核心特征

① 网络连接，"云"不在用户本地，要通过网络接入"云"才可以使用服务，"云"内节点之间也通过内部高速网络相连。

② ICT 资源共享，"云"内 ICT 资源并不为某一个用户所专有，而是通过一定方式让符合条件用户实现共享。

③ 快速、按需、弹性服务方式，用户可按实际需求迅速获取或释放资源，可根据需求对资源进行动态扩展。

④ 服务可度量，服务提供者按照用户对资源的使用量计费。

2. 云计算服务模式

云计算是一种新的技术，也是一种新的服务模式。根据云计算服务提供的资源不同，可划分为 3 类：基础设施即服务(IaaS)、平台即服务(PaaS)、软件即服务(SaaS)。

1) IaaS：基础设施即服务

IaaS 服务指把 IT 基础设施作为一种服务通过网络对外提供，并根据用户对资源的实际使用量或占用量进行计费的一种服务模式，如 Amazon 的 AWS 弹性计算云 EC2 和简单存储服务 S3。IaaS 服务给用户提供虚拟机，其中包含了 CPU、内存、硬盘、存储、网络等资源，用户相当于使用裸机和磁盘，可以运行不同的操作系统。同时 IaaS 负责虚拟机供应过程、运行状态的监控和计量等工作，如图 7-11 所示。供应商有：亚马逊、阿里云等。

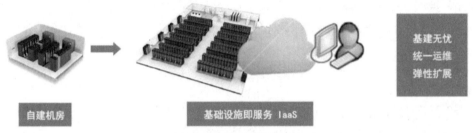

图 7-11　基础设施即服务

2) PaaS：平台即服务

PaaS 服务提供了一个开发和部署平台，用来在云计算中运行应用程序。例如，开发人员在设计高扩展性系统时，通常必须写大量的代码来处理缓存、异步消息传递、数据库扩展等工作；而在许多 PaaS 解决方案中，开发人员可以根据使用 API(操作系统留给应用程序的一个调用接口)接入大量第三方解决方案，提供类似故障转移、服务等级协议等一系列服务，从而快速市场化，无需客户消耗大量的人力物力以及后期的管理和维护工作，如图 7-12 所示。供应商有：微软、谷歌等。

图 7-12　平台即服务

3) SaaS：软件即服务

SaaS 服务封装了特定的应用软件功能，通过网络为客户提供软件服务。典型的如 Salesforce 公司提供的 CRM(客户关系管理)服务，如图 7-13 所示。国内供应商有：钉钉、用友等。

图 7-13 软件即服务

7.2.2 云计算技术

云计算的概念大家已经有了初步的认识，那么"云"中到底有哪些需要关注的技术呢？下面我们将介绍在云中需要涉及的关于云存储、虚拟化。

1. 云存储技术

与传统的存储设备相比，云存储不仅仅是一个硬件，还是一个由网络设备、存储设备、服务器、应用软件、公用访问接口、接入网和客户端程序等多个部分组成的复杂系统。各部分以存储设备为核心，通过应用软件来对外提供数据存储和业务访问服务。云存储系统的结构由 4 层组成。

分布式存储与传统的网络存储并不完全一样，传统的网络存储系统采用集中的存储服务器来存放所有数据，存储服务器就容易成为系统性能的瓶颈，不能满足大规模存储应用的需要。分布式网络存储系统采用可扩展的系统结构，利用多台存储服务器分担存储负荷，利用位置服务器定位存储信息，它不但提高了系统的可靠性、可用性和存取效率，还易于扩展。

在当前的云计算领域，Google 的 GFS(Google File System)和 Hadoop 的 HDFS(Hadoop Distributed File System)是比较流行的两种云计算分布式存储系统。

GFS：谷歌的非开源的 GFS 云计算平台满足大量用户的需求，并行地为大量用户提供服务。使得云计算的数据存储技术具有了高吞吐率和高传输率的特点。

HDFS 技术：大部分 ICT 厂商，包括 Yahoo、Intel 的云计算采用的都是 HDFS 的数据存储技术。HDFS 这一开源系统未来的发展将集中在超大规模的数据存储、数据加密和安全性保证、以及继续提高 I/O 速率等方面。

2. 虚拟化

虚拟化是云计算最重要的核心技术之一，它为云计算服务提供基础架构层面的支撑，是 ICT 服务快速走向云计算的最主要驱动力。

从技术上讲，虚拟化是一种在软件中仿真计算机硬件，以虚拟资源为用户提供服务的计算形式，旨在合理调配计算机资源，使其更高效地提供服务。它把应用系统各硬件间的物理划分打破，从而实现架构的动态化，实现物理资源的集中管理和使用。虚拟化的最大好处是增强系统的弹性和灵活性，降低成本、改进服务、提高资源利用效率。

1) 服务器虚拟化

将服务器物理资源抽象成逻辑资源，把一台服务器变成几台，甚至上百台相互隔离的虚拟服务器，不再受限于物理上的界限，而且让 CPU、内存、磁盘、I/O 等硬件变成可动态管理的"资源池"，从而提高资源的利用率，简化系统管理，实现服务器整合。

2) 网络虚拟化

网络虚拟化技术将硬件设备和特定的软件结合以创建和管理虚拟网络，网络虚拟化将不同的物理网络集成为一个逻辑网络，或让操作系统分区具有类似于网络功能。

3. 编程模式

从本质上讲，云计算是一个多用户、多任务、支持并发处理的系统。高效、简捷、快速是其核心理念，旨在通过网络把强大的服务器计算资源方便地分发到终端用户手中，同时保证低成本和良好的用户体验。在这个过程中，编程模式的选择至关重要。云计算项目中分布式并行编程模式将被广泛采用。

分布式并行编程模式创立的初衷是更高效地利用软、硬件资源，让用户更快速、更简单地使用应用或服务。在分布式并行编程模式中，后台复杂的任务处理和资源调度对于用户来说是透明的，这样用户体验能够大大提升。MapReduce 是当前云计算的主流并行编程模式之一。MapReduce 模式将任务自动分成多个子任务，通过 Map 和 Reduce 两步实现任务在大规模计算节点中的分配。

MapReduce 是 Google 开发的 Java、Python、C++编程模型，主要用于大规模数据集(大于 1TB)的并行运算。MapReduce 模式的思想是将要执行的问题分解成 Map(映射)和 Reduce(归约)的方式，先通过 Map 程序将数据切割成不相关的区块，分配(调度)给大量计算机处理，达到分布式运算的效果，再通过 Reduce 程序将结果汇整输出。

4. 大规模数据管理

处理海量数据是云计算的一大优势。那么如何处理则涉及很多层面的东西，因此高效的数据处理技术也是云计算不可或缺的核心技术之一。对于云计算来说，数据管理面临巨大的挑战。云计算不仅要保证数据的存储和访问，还要能够对海量数据进行特定的检索和分析。由于云计算需要对海量的分布式数据进行处理、分析，因此，数据管理技术必须能够高效地管理大量的数据。

Google 的 BT(BigTable)数据管理技术和 Hadoop 团队开发的开源数据管理模块 HBase 是业界比较典型的大规模数据管理技术。

① BT。BigTable 是非关系型数据库，是一个分布式的、持久化存储的多维度排序 Map。BigTable 建立在 GFS、Scheduler、Lock Service 和 MapReduce 之上，与传统的关系数据库不同，它把所有数据都作为对象来处理，形成一个巨大的表格，用来分布存储大规模结构化数据。Bigtable 的设计目的是可靠地处理 PB 级别的数据，并且能够部署到上千台机器上。

② HBase。它是 Apache 公司的 Hadoop 项目的子项目，定位于分布式、面向列的开源数据库。HBase 不同于一般的关系数据库，而是一个适合存储非结构化数据的数据库。另一个不同

是，HBase 基于列而不是基于行。作为高可靠性分布式存储系统，HBase 在性能和可伸缩方面都有比较好的表现。利用 HBase 技术可在廉价的服务器上搭建起大规模结构化存储集群。

5. 分布式资源管理

在云计算这样的多节点并发执行环境中，各个节点的状态需要同步，并且在单个节点出现故障时，系统需要有效的机制保证其他节点不受影响。分布式资源管理系统可以满足上述需求，是保证系统状态的关键。

分布式资源管理的重要性还体现在：云计算系统处理的资源非常庞大，少则几百台服务器，多则上万台，同时可能跨多个地域，且云平台中运行的应用也是数以千计。只有强大的技术支撑，才能有效地管理这批资源，保证它们能够正常提供服务。

全球各大云计算方案/服务提供商们都在积极开展相关技术的研发工作。其中 Google 内部使用的 Borg 技术很受业内称道。另外，微软、IBM、Oracle/Sun 等云计算巨头都提出了相应的解决方案。

7.3 区块链

7.3.1 解读区块链

1. 比特币与区块链

2008 年 11 月 1 日，一个自称"中本聪"的人在一个隐秘的密码学讨论邮件组上贴出了一篇研究报告，阐述了他对电子货币的新构想，比特币就此问世，区块链也随之产生，但区块链并不等同于比特币，而是比特币及加密数字货币的底层实现技术体系。

比特币作为区块链的第一个应用，其交易信息都被记录在去中心化的账本上面，这个账本就是区块链。如果我们把区块链类比为一个实体账本，那么每个区块就相当于账本中的一页，大约每 10 分钟会生成一页新的账本，每页账本上记载着比特币网络的交易信息。每个区块之间依据密码学原理，按照时间顺序依次相连，形成链状结构，因此得名"区块链"。

2. 区块链概念

区块链是一种由多方共同维护，使用密码学保证传输和访问安全，能实现数据一致存储、难以篡改且可溯源的记账技术，也称分布式账本技术。

区块链技术是一门多学科跨领域的技术，涉及操作系统、网络通信、密码学、数学、金融、生产等。区块链是分布式数据存储、点对点传输、共识机制、加密算法等计算机技术在互联网时代的创新应用模式。

3. 区块链特性

区块链特性包括去中心化、透明性和可溯源性、不可篡改性等。

1) 去中心化

与传统中心化系统不同的是，区块链中并不是由某一个特定中心来处理数据的记录、存储和更新。每一个节点都是对等的，整个网络数据维护都由所有节点共同参与。在传统的中心化系统中，如果攻击者攻击中心节点将导致整个网络不可控，区块链的去中心化特点提高了整个系统的安全性。

举例来说，如果你通过区块链给别人转账，不会因为转账机构要放假，所以会延迟几天到账；不会因为记账机构要盈利，所以要付很高的手续费；更不会因为记账机构作弊而受到损失。因为区块链的记账是全网共同进行的，你给别人转账记录的账本，不会因为你这里或者对方那里的账本数据丢失，而无法找回，因为这个账本是全网共同维护，每个全节点都有备份。

2) 透明性和可溯源性

在区块链中，所有交易都会公开，任何节点都可以得到一份区块链上的所有交易记录，除了交易双方私有信息被加密外，区块链上的数据都可通过公开接口查询，又因区块链以时间序列记录数据，保证了用户可对交易进行溯源。

3) 不可篡改性

区块链上的所有信息一旦通过验证、共同识别并写入区块链之后，这个数据是不可篡改的，如果篡改数据，就必须挑战51%以上的"矿工"，这样的代价很大且难实现。

7.3.2 区块链的应用

1. 区块链适用场景

作为一项新兴技术，区块链具有在诸多领域展开应用的潜力，技术上去中心化、难以篡改的鲜明特点，使其在特定场景中具有较高的应用价值。

区块链技术广泛应用于金融服务、供应链管理、文化娱乐、智能制造、社会公益以及教育就业等经济社会各领域，可以优化各行业的业务流程、降低运营成本、提升协同效率，为经济社会转型升级提供系统化支撑，如图7-14所示。

图 7-14　区块链应用生态圈

2. 区块链经典应用

1) 区块链+食品安全

新发布的《食用农产品市场销售质量安全监督管理办法》规定调整了产地准出与市场准入机制，要求入市须提供可溯源凭证和合格证明文件，其中无法提供可溯源凭证的食用农产品不能上市销售，从而保障食用农产品的来源信息可追溯。

案例：一票通食品安全追溯

一票通食品安全追溯的解决方案利用云计算、物联网、大数据、区块链等技术为源头种植养殖企业、生产加工企业、流通物流企业、终端零售企业及政府监管部门精心打造的集应用、监管、服务于一体的信息化解决方案。采取"一票通"模式，提供了上家准出、下家准入证明，构成食品供应链追溯链条，如图 7-15 所示。

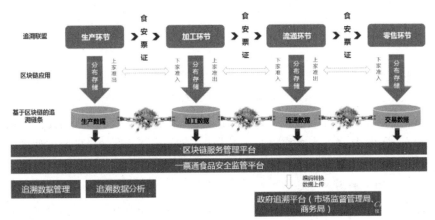

图 7-15　一票通食品安全追溯的解决方案

2) 区块链+金融

区块链最先应用于金融行业，能极大降低金融服务成本，提升金融服务效率。众多金融机构早已开展区块链技术研究与应用，并将其作为金融科技核心技术之一，这使得区块链技术在交易结算、贸易金融、股权、票据、金融衍生品、信贷、反洗钱反诈骗、供应链金融等多个领域得到了应用，受到从业者广泛关注。

案例：区块链上的 P2P 交易所

由于 P2P 网贷平台风险频发，跑路的 P2P 企业数量大幅增加，北京、上海、深圳等地均在 2016 年年初暂停了 P2P 企业的注册。这一事件充分说明了目前我国的互联网金融、P2P 票据企业仍然处于不成熟的状态。

区块链技术应用于 P2P 票据交易所有 4 个好处：提升票据、资金、理财计划等相关信息的透明度；重建公众、政府及监管部门对 P2P 票据交易所的信心；降低 P2P 票据交易所的监管成本；推进服务实体的经济发展。

第一步：将票据资产数字化，建立票据托管机制。

通过区块链技术实现票据资产数字化，然后引入托管银行。在 P2P 票据交易中，由托管银行发布票据托管、托收、款项收回等信息，确保交易资产真实、有效，确保票据的托收及收回款项的及时、准确、可信赖。

第二步：专家团集中评审，建立信用评级机制。

P2P 票据交易所应当积极发挥自身的引领作用，然后找第三方外部专家团集中评审票据承兑人或持票人的信用状况，建立完整的信用评级机制。信用评级机制为 P2P 票据交易所健康、有序发展提供了前提条件。

第三步：建立区块交易模式，创新 P2P 交易手段。

区块链技术可以将 P2P 票据的评级、托管、登记、认购、转让、结清等环节作为一个完整的交易闭环来处理。区块链分布式账本的记账方式可以及时有效地推进 P2P 票据交易的达成，不仅提升了交易效率，还能保证票据及资金的安全。

第四步：保证全程公开透明，建立投融资信任机制。

区块链交易模式保证了全程公开透明，实现对交易所的标的票据、交易资金、托收资金、理财计划实时监控与信息发布，建立了有效的投融资信任机制，为 P2P 票据交易所发展壮大提供了有利条件。

3) 区块链+医疗健康

区块链技术可以帮助不同的医疗服务机构保存大量居民健康数据，药品来源信息，电子保单的重要敏感信息，解决了这些信息可能丢失的问题。区块链作为一种多方维护、全量备份、信息安全的分布式记账技术，为医疗数据共享带来了创新思路。区块链的特性使系统不会出现单点失效情况，很好地维护系统的稳定性。

例如：区块链电子处方

蚂蚁金服和上海复旦大学附属华山医院推出首个区块链处方方案。以内分泌科为试点，患者可直接通过支付宝上华山医院的生活号进行线上就诊，医生线上开具处方，药品直接送货上门。通过区块链，电子处方线、线上开药、配药、送药、签收药物等流程都将被记录，不可篡改且可追溯，也可避免处方滥用。

4) 区块链+社会公益

区块链利用分布式技术和共识算法，重新构造一种信任机制。公益流程的相关信息如捐赠项目、募集明细、资金流向、受助人反馈等，均可存放于区块链上。在满足项目参与者隐私保护及其相关法律法规的要求基础上，有条件公开公示。公益组织、支付机构、审计机构均可加入区块链系统节点，以联盟形式运转，方便公众和社会监督，让区块链真正成为"信任机器"，助力社会公益加快健康发展。

案例：为听障儿童募集资金

2016 年 7 月，支付宝与公益基金会合作，在其爱心捐赠平台上线了第一个基于区块链的公益项目，为听障儿童募集资金，帮助他们"重获新声"。在该项目中，捐赠人可以看到一项"爱心传递记录"反馈信息，在保护必要隐私的基础上，展示自己的捐款从支付平台划拨到基金会账号，以及最终进入受助人指定账号的整个过程。区块链从技术上保障了公益数据真实性，帮助公益项目节省信息披露成本。

7.4　虚拟现实

7.4.1　如真如幻——虚拟现实

虚拟现实(Virtual Reality，VR)并非新概念，早在 20 世纪 80 年代就已提出并应用于模拟军事训练中。与单一的人机交互模式不同，虚拟现实旨在建立一个完全仿真的虚拟空间，提供沉浸性、多感知性、交互性的互动体验，正因如此，虚拟现实被视作下一代信息技术的集大成者和计算平台。

近年来，伴随着大数据、云计算、人工智能等技术日趋成熟，虚拟现实的应用场景不断拓展。身临其境的 VR 电影，足不出户的 VR 购物，用于辅助治疗的 VR 医疗，打造沉浸式课堂的 VR 教育……蓬勃发展的虚拟现实技术，大有"飞入寻常百姓家"的趋势。

1. 虚拟现实概念

虚拟现实，从概念上讲就是一种综合计算机图形技术、多媒体技术、传感器技术、人机交互技术、网络技术、立体显示技术以及仿真技术等多种技术而发展起来的，通过模拟产生逼真的虚拟世界，给用户提供完整的视觉、听觉、触觉等感官体验，让用户能身临其境般实现在自然环境下的各种感知的高级人机交互技术。

理想的 VR 技术可以对情境进行全方位的"重现"乃至"创造"，包括情境特有的感官，如视像、声音气味、触感等做出精确的模拟。例如，"4D 电影"采用的就是一种较为初级的 VR 技术，观众不但可以通过 3D 眼镜获得与现实世界相近的三维视效，而且还能够随着影片情节的进展获得其他相应的感官体验，如在电影展示地震情节时影院的座椅也会颤动。

2. 虚拟现实特性

虚拟现实具有多感知性。根据美国国家科学院院士 J. Gibson 提出的概念模型，人的感知系统可划分为视觉、听觉、触觉、嗅觉、味觉和方向 6 个子系统，虚拟现实可以在视觉、听觉、触觉、运动、嗅觉、味觉向用户提供全方位体验。中国通信标准化协会编制的《云化虚拟现实总体技术研究白皮书(2018)》指出，虚拟现实体验具有 3I 特征，分别是沉浸感(Immersion)、交互性(Interaction)和想象性(Imagination)。

1) 沉浸感是利用计算机产生的三维立体图像，让人置身于一种虚拟环境中，就像在真实客观世界中一样，给人一种身临其境的感觉。

2) 交互性，在计算机生成的这种虚拟环境中，可利用一些传感设备进行交互，感觉像在真实客观世界中互动一样。

3) 想象性，虚拟环境可使用户沉浸其中萌发联想。

3. 虚拟现实核心技术

虚拟现实建模、显示、传感、交互等重点环节可以提升虚拟现实的体验感。动态环境建模、实时三维图形生成、多元数据处理、实时动作捕捉、实时定位跟踪、快速渲染处理等是虚拟现实的关键技术。虚拟现实核心硬件包括：视觉图形处理器(GPU)、物理运算处理器(PPU)、高性能传感处理器、新型近眼显示器件。

虚拟现实的核心技术具体包括如下几种技术。

1) 近眼显示技术

实现30PD(每度像素数)单眼角分辨率、100Hz以上刷新率、毫秒级响应时间的新型显示器件及配套驱动芯片的规模量产。发展适人性光学系统，解决因辐合调节冲突、画面质量过低等引发的眩晕感。加速硅基有机发光二极管、微发光二极管、光场显示等微显示技术的产业化储备，推动近眼显示向高分辨率、低时延、低功耗、广视角、可变景深、轻薄小型化等方向发展。

2) 感知交互技术

加快六轴及以上GHz惯性传感器、3D摄像头等的研发与产业化。发展鲁棒性强、毫米级精度的自内向外追踪定位设备及动作捕捉设备。加快浸入式声场、语音交互、眼球追踪、触觉反馈、表情识别、脑电交互等技术的创新研发，优化传感融合算法，推动感知交互向高精度、自然化、移动化、多通道、低功耗等方向发展。

3) 渲染处理技术

基于视觉特性、头动交互的渲染优化算法，高性能GPU配套时延优化算法的研发与产业化。新一代图形接口、渲染专用硬加速芯片、云端渲染、光场渲染、视网膜渲染等关键技术，推动渲染处理技术向高画质、低时延低功耗方向发展。

4) 内容制作技术

全视角12K分辨率、60帧/秒帧率、高动态范围(HDR)、多摄像机同步与单独曝光、无线实时预览等影像捕捉技术，高质量全景三维实时拼接算法，实现开发引擎、软件、外设与头显平台间的通用性和一致性。

4. VR与AR

早期学界通常在VR研讨框架下设AR(增强现实)主题，随着产业界在AR领域持续发力，部分业者从VR概念框架抽离出AR。两者在关键器件、终端形态上相似性较大，在关键技术和应用领域上有所差异。VR通过隔绝式音视频内容带来沉浸感体验，对显示画质要求较高，而AR则强调虚拟信息与现实环境的"无缝"融合，对感知交互要求较高。VR侧重于游戏、视频、直播与社交等大众市场，AR侧重于工业、军事等专业应用。广义上VR包含AR，狭义上彼此独立。

7.4.2 VR+

虚拟现实融合应用多媒体、传感器、新型显示、互联网和人工智能等多领域技术，能拓展人类感知能力，改变产品形态和服务模式，给经济、科技、文化、军事、生活等领域带来深刻影响。随着计算机图像处理、移动计算、空间定位和人机交互等技术快速发展，虚拟现实开始全面进入人们生活，涵盖工业生产、医疗、教育、娱乐等多个领域，也进一步向艺术领域渗透。

1. VR+购物

案例 1：虚拟现实百货商店

据报道，美国老牌电商 eBay 宣布与澳大利亚零售商 Myer 合作推出全球首个 VR 虚拟现实百货商店。在 Myer 的虚拟现实百货商店中，消费者可以通过"eBay 视觉搜索"随意浏览或者挑选商品，还可以在线购买 12500 种商品。在购买时，消费者只需要注视自己想要的商品几秒钟便可将其放入购物车内，整个购买过程十分简单。现如今 eBay 拥有 1.65 亿的活跃用户，预期很快超过 2 亿用户。

案例 2：阿里巴巴的 Buy+计划

2016 年，阿里巴巴也在"双十一"活动之际全面启动"Buy+"计划，消费者可以在 VR 环境中购物，增强购物真实性，一扫原先网络购物真实性欠缺的弱势，彻底颠覆传统购物体验。对此，阿里巴巴的首席营销官董本洪在接受采访时说："Buy+使用 VR 加 AR 技术，将提高用户的购物舒适度，使购物更加便捷，阿里巴巴将使用这些技术来促进市场变革。"

2. VR+教育

案例：VR 超级教室

北京黑晶科技有限公司针对 VR 教育市场推出的超级教室解决方案，以教室实际教学需求为基础，通过 VR/AR 技术重新制作并呈现教学内容。VR 超级教室分为 AR 超级教室和 VR 超级教室：

① AR 超级教室(主要针对幼儿园、小学课堂)利用 AR 技术，将教学内容进行立体互动式转化，通过联合教育专家为幼小教育机构定制的系列 AR 科普、AR 英语、AR 美术等课程内容平台并匹配系列辅助教具("神卡王国""星球大冒险""美术棒"等产品)方式构建一个"立体生动"的超级教室，旨在充分发挥 AR 技术虚实融合、实时交互、三维跟踪特点，根据不同学科需求有针对性地开发 AR 课程。

② VR 超级教室(初、高中教育)将 VR 虚拟现实技术应用于初、高中阶段教学，将传统难以理解的知识点以虚拟场景呈现，通过 VR 虚拟设备，让学生沉浸于虚拟情境的交互学习，提升学生对知识点的理解和领悟能力。

3. VR+文化

案例："复活"《清明上河图》

故宫推出了高科技互动艺术展览《清明上河图 3.0》，进入展厅，就像步入了一场跨越千年的"梦回大宋"之旅。长 36 米、高 4.8 米的《清明上河图》巨幅互动长卷在墙上缓缓流动。画中 814 个角色，上百个大小客船，车马树木，都是全手工描线勾勒，画中所有人物都会活动起来，VR 技术的展演，不仅让《清明上河图》重新绽放光彩，更是唤醒了人们对宋代的文化记忆。

4. VR+医疗健康

案例：柳叶刀客

上海医微讯数字科技有限公司推出的"柳叶刀客"模拟手术工具 APP，结合虚拟现实技术与外科手术，让用户可身临其境进行手术学习、观摩和模拟训练。柳叶刀客基于不同手术学习场景，设计了手术模拟和 360 度 VR 全景视频直播/录播两大功能。手术模拟分为教学和考核模式。教学模式根据语音提示，指导用户进行虚拟手术操作，学习完之后可进入考核模式，系统根据用户操作准确度打分，达到一定积分后可解锁进阶手术场景，同时，该 APP 支持通过消费购买方式解锁。

5. VR+制造

案例：Innoactive 平台

大众集团开发的 Innoactive 平台，是一套应用于汽车生产和协调工作的 VR 系统。该平台允许多用户共同构建应用程序，支持大众来自全球的员工进行实时的在线协同工作。员工可在虚拟环境中获得与实际生产线一样的作业培训。

【思考练习】

1. 谈谈你对大数据的认识。
2. 对云计算的应用有哪些认识？
3. 区块链是什么技术？有什么特点？
4. VR 和 AR 有哪些应用场景？